肉牛
标准化养殖综合配套技术

◎ 陈 亮 蒋秋斐 封 元 主编

中国农业科学技术出版社

图书在版编目（CIP）数据

肉牛标准化养殖综合配套技术 / 陈亮，蒋秋斐，封元主编. 北京：中国农业科学技术出版社，2025.1. -- ISBN 978-7-5116-7227-8

Ⅰ.S823.9

中国国家版本馆 CIP 数据核字第 2024MX5470 号

责任编辑	陶　莲
责任校对	王　彦
责任印制	姜义伟　王思文

出　版　者	中国农业科学技术出版社 北京市中关村南大街 12 号　邮编：100081
电　　　话	（010）82109705（编辑室）（010）82106624（发行部） （010）82109709（读者服务部）
网　　　址	https://castp.caas.cn
经　销　者	各地新华书店
印　刷　者	北京建宏印刷有限公司
开　　　本	170 mm×240 mm　1/16
印　　　张	12.25
字　　　数	200 千字
版　　　次	2025 年 1 月第 1 版　2025 年 1 月第 1 次印刷
定　　　价	80.00 元

◀ 版权所有·侵权必究 ▶

《肉牛标准化养殖综合配套技术》
编委会

主　编　陈　亮　蒋秋斐　封　元
副主编　张　娟　马丽娜　艾　琦
编　者　脱征军　李知新　罗文海　顾亚玲
　　　　陶金忠　陈丝雨　马金昕　张　坤
　　　　毛春春　厉　龙　刘　春　徐　寒
　　　　朱继红　朱世磊　吴亚文　吴乾宇
　　　　郭　亮　徐志程　刘　迎　顾亚荣
　　　　程思源　李　敦　李　莉

前　言

肉牛产业是中国畜牧业的重要组成部分，也是巩固脱贫攻坚成果、促进乡村振兴的支柱产业，改革开放以来，宁夏肉牛产业取得了长足的发展。2023年，宁夏肉牛饲养量242.4万头，较2013年增加121.8万头，年均增速7.2%。虽然发展速度很快，但相比其他畜种，肉牛产业起步较晚，主要以"小群体、大规模，家家种草、户户养牛"的模式发展。近年来，低价进口牛肉、市场消费需求不振等诸多问题层出不穷，影响了肉牛产业健康、可持续发展。要解决这些问题和困难，必须加速推进产业转型升级。本书从肉牛生产实际出发，同时，把握我国肉牛产业发展的形势，从肉牛养殖场建设到肉牛粪污处理，系统地介绍了肉牛场建设与环境控制、肉牛饲养管理技术、肉牛选育技术、肉牛母牛繁殖技术、肉牛常用饲草料及加工调制技术、肉牛疫病预防技术、肉牛常见传染病防治技术、粪污安全管理技术8个方面的内容。

本书在内容上力求精准实用，在文字表述上力争简明精确，介绍的技术具有先进、适用的特点，可操作性强，这对于提高肉牛养殖标准化、规模化、智能化、产业化发展水平具有重要的指导意义和促进作用。

限于知识和业务水平，书中不妥之处，敬请专家、同行和广大读者批评指正。

编　者

2024年9月

目　录

第一章　肉牛场建设与环境控制 …………………………………… 1
第一节　牛场场址选择与布局 ……………………………………2
第二节　牛舍建设 …………………………………………………5
第三节　设施与设备 ………………………………………………10

第二章　肉牛饲养管理技术 …………………………………………… 13
第一节　品种登记 …………………………………………………14
第二节　犊牛的饲养管理 …………………………………………19
第三节　能繁母牛的饲养管理 ……………………………………26
第四节　育肥牛的饲养管理 ………………………………………32

第三章　肉牛选育技术 ………………………………………………… 41
第一节　育种 ………………………………………………………42
第二节　选种选配 …………………………………………………43
第三节　肉牛杂交改良 ……………………………………………50
第四节　肉牛生产性能测定 ………………………………………54

第四章　肉牛母牛繁殖技术 …………………………………………… 63
第一节　发情及发情控制 …………………………………………64
第二节　妊娠母牛的生理变化 ……………………………………69
第三节　妊娠诊断 …………………………………………………71
第四节　分娩及产后恢复 …………………………………………72
第五节　母牛常见的生殖疾病 ……………………………………74
第六节　提高肉牛繁殖力的措施 …………………………………77
第七节　诱导双胎 …………………………………………………78

第五章　肉牛常用饲草料及加工调制技术 …………………………… 83
第一节　青绿饲料 …………………………………………………84
第二节　青贮饲料 …………………………………………………86

第三节　粗饲料 88
　　第四节　能量饲料 90
　　第五节　蛋白质饲料 94
　　第六节　秸秆类饲料加工调制 98
　　第七节　青贮饲料加工调制 102

第六章　肉牛疫病预防技术 123
　　第一节　牛群保健 124
　　第二节　种源管理 129
　　第三节　监测净化 130
　　第四节　肉牛场消毒 132
　　第五节　牛疫苗使用 137

第七章　肉牛常见传染病防治技术 141
　　第一节　口蹄疫 142
　　第二节　牛病毒性腹泻－黏膜病 144
　　第三节　牛传染性鼻气管炎 146
　　第四节　牛结节性皮肤病 149
　　第五节　牛流行热 152
　　第六节　布鲁氏菌病 154
　　第七节　炭疽 156
　　第八节　牛结核病 159
　　第九节　牛支原体肺炎 161
　　第十节　副结核病 164
　　第十一节　出血性败血症 166

第八章　粪污安全管理技术 169
　　第一节　粪污收集 170
　　第二节　粪污暂存 174
　　第三节　粪污无害化处理 176
　　第四节　粪肥还田 183

参考文献 186

第一章
肉牛场建设与环境控制

第一节 牛场场址选择与布局

一、场址选择

牛场场址选择除了要符合相关法规及地方土地与农业发展规划外，还要充分考虑自然条件，包括地形、地势、水源、土壤，与工厂和居民点的相对位置。场址选择四大原则：饲料、物资和能源供应便利；交通运输便利；产品销售便利；废弃物处理便利。

1. 位置

（1）场址选择必须符合《中华人民共和国畜牧法》以及本地区农牧业生产发展总体规划、土地利用发展规划、城乡建设发展规划的用地要求，节约用地。

（2）应配备与养殖量相匹配的粪便消纳用地或饲草料基地，处理牛场粪污。

（3）场址应选在离饲料生产基地和放牧地较近，交通、供电方便的地方。一般要求与其他畜禽养殖场、屠宰加工场、动物诊疗场所距离保持在 200 m 以上；与居民生活区、学校、医院、水源地、风景名胜区核心景区、自然保护区的核心区和缓冲区等公共场所距离保持在 300 m 以上；与动物隔离场、集贸市场、病死动物无害化处理场距离保持在 1 000 m 以上；距离一般道路 100 m 以上，铁路、省道 300 m 以上，国道、省际公路 500 m 以上。

（4）远离化工厂、农药厂、造纸厂、水泥厂等，以防止相互造成污染。为防止病原微生物的传播，牛场场址还必须远离制革厂、屠宰场、肉品和畜产品加工厂，牛场场地也要远离沼泽地区，因为沼泽地常常是寄生虫和蚊蝇生存集聚的场所。同时，要考虑到牛场产生的粪便、臭气对周边环境的危害。

2. 交通

场址选择时既要考虑到交通方便，又要使牧场与交通干线保持适当的距离，便于饲草料供应和牛只运输、粪便运输。

3. 气候

气候环境直接影响肉牛生产性能、健康状况。肉牛属于恒温动物，皮下脂肪厚，汗腺不发达，体内热量散发较慢，不善于通过皮肤蒸发散热来调节体温，因此肉牛耐寒不耐热。适宜的饲养环境温度为 10～25 ℃，冷、热应激均可使肉牛抵抗力减弱。在炎热地区，要考虑通风、遮阴、隔热、降温等措施；在寒冷地区，要注意冬季的保温、防寒等措施。

风向、风力、日照情况与牛舍的建筑方位、朝向、间距、排列次序均有关系。

4. 地势

牛场场址的选择要结合牛场长远发展做统一考虑。牛场场址应选在地势高燥、背风向阳、空气流通、土质坚实、地下水位低、排水良好、具有缓坡的地方。

（1）高燥平坦。场区应选择开阔、整齐的地形，不要过于狭长或边角太多，有一定的倾斜坡度，方便排水。平原地区，应避免在低洼潮湿或容易积水处建场，地下水位应在 2 m 以下；靠近河流湖泊的地区，要选择较高的地方，场地应比当地水文资料中最高水位高 1～2 m，以防涨水时被水淹没；山区，应选择平缓、向阳的坡上建场，总坡度不超过 25%，建筑区坡度应在 2.5% 以内。

（2）背风向阳。有利于光照和热调节，保证养殖区域内小气候温热状况相对稳定，要避开坡底、长形谷地和风口。山区建场，应选择南向坡地。

5. 土壤

对牛场施工地段的地质、土层状况进行全面了解，同时具备一定的卫生条件。牛场场区的土壤应当是清洁未被污染的，同时应避免在发生过疫病的地区建场。牧场场地的土质以壤土最为理想，这类土壤透气性、透水性好，毛细管作用弱，蒸发慢，导热性小。黏土、砾土地不宜建场。在条件许可的情况下应检测土壤的酸碱度、氮、磷、钾、重金属、氟化物、农药残留、微生物种群数量等，以便及时了解土壤环境质量。

6. 水质

（1）要求水源地水量充足、取用方便且便于防护。总用水量可根据饲养规模及饲养方式、工作人员的耗水量、场区灌溉、绿化和消防用水的总和来确定。每头肉牛每天用水标准定额为 50 L。

（2）场址应选在水源的上游，以保持水质洁净，不受污染。水源周围要定期维护，不得有污染源存在。水质应无异味、无臭味和无异色；水质澄清、不含有肉眼可见物；水质的酸碱度、总硬度、矿物质、有毒物质和微生物数量等符合肉牛饮用水标准。

二、场区布局

肉牛养殖场规划应本着因地制宜、科学饲养、环保高效的要求，合理布局，统筹安排。应综合考虑生产规模及未来发展，减少有害气体、噪声及粪尿污染，疫病防控等。牛场四周有围墙，场区内根据隔离、遮阴及防风的需要，修建绿化区、隔离带。

肉牛场功能划分：管理区、生活区、生产区、废弃物无害化处理区等，各功能区之间应用围墙、绿化林等严格分离。

1. 管理区

管理区的功能是开展牧场经营管理和对外联系。应设置在地势较高、牛场上风向位置，与其他功能区严格分开。可根据需要设置办公室、宿舍、食堂等。外来人员仅限在该区域活动。

2. 生活区

生活区包括职工住宿、健身等生活福利设施。设在牛场大门外、全场上风向和地势较高的地段，其位置应便于与外界联系，与附近的交通干线、输电线保持最近的距离。

3. 生产区

生产区是牛场的核心区域，应设置在场区的下风向位置，包括牛舍、饲料库等设施。

在场区内入口处设置更衣室、人员消毒室、车辆消毒池等，场区内净道与污道应严格分开。各牛舍之间要保持适当距离，布局整齐，便于防疫和防火。同时，将饲料车间设置在该区与管理区隔墙处，满足防疫和每日饲料配送。

4. 废弃物无害化处理区

应设置在牛场最低处和最下风向，与生产区间隔 100 m 以上，并远离水源。病牛隔离区、粪污处理设施等可设置在该区域。

第二节 牛舍建设

一、牛舍类型

我国地域辽阔，地区差异较大，各地应充分考虑当地气候、环境及饲养条件，依据饲养规模和饲养方式，综合通风、采光、温度以及生产操作等因素，设计建造不同用途与类型的牛舍。牛舍的建造应便于饲养管理与防疫，北方地区注意防寒、南方地区注意防暑。

1. 排列方式

根据牛舍内分布方式，分为单列式、双列式、多列式牛舍。

（1）单列式牛舍内径跨度 4.5～5 m，最大不超过 6 m；长度以 60～80 m 为宜（根据场地及实际养殖规模而定），不宜过长。这种牛舍布局，通风、保暖等性能较好，适合规模较小的牛场。

（2）双列式牛舍有两排采食位，根据牛采食时的相对位置，可分为对头式和对尾式，牛舍跨度一般为 10～11 m。对头式较为常见，牛舍中间设一条纵向饲喂通道，两侧牛群对头采食，每侧设置相应的清粪走道。这种牛舍布局，便于机械化饲喂，适合大型规模养殖场。

（3）根据开放形式，分为开放式、半开放式、封闭式牛舍。开放式牛舍，适合气候炎热、潮湿的地区；半开放式牛舍、封闭式牛舍，适合气候寒冷的地区。

2. 外部建筑结构

（1）地基。坚实牢固，防止下沉和不均匀下陷，有足够的强度和稳定性，设计应遵守《建筑地基基础设计规范》（GB 50007—2011）。

（2）牛舍。采用砖混结构的牛舍，应用石块或砖砌墙基并高出地面，墙基地下部分深 80～100 cm；钢架结构的牛舍，支撑钢梁基座应用钢筋混凝土浇筑，深度不低于 1.5 m，非承重的墙基地下部分深 50 cm。

（3）墙壁。要求坚固结实、抗震、防水、防火，具有良好的保温、隔热性能。冬季不是很冷的地区，一般墙厚 24 cm，严寒地区可根据保温需要确定。

（4）地面。要求致密坚实，不硬不滑，易清洗消毒。

（5）屋顶。要求夏季隔热、冬季保温，通风散热较好。屋顶坡度和设计要充分考虑光照影响，计算所需的热交换面积，以使肉牛产生的热量和湿气通过自然对流的方式逸出。有单坡式、双坡式、平顶式、钟楼式、半钟楼式等。常见钟楼式、双坡式和单坡式。钟楼式，通风换气效果好，适合南方跨度较大的牛舍；双坡式，结构简单、造价低；单坡式，适合小型养殖场、暖棚牛舍等。

（6）门窗。应保证牛群、料车、人员出入方便，符合通风透光要求。封闭式和半开放式牛舍应在一端或两端设置大门，大型双列式牛舍应设置多个侧门。大门的宽和高根据常用机械，如饲喂车、投料车等的类型来确定。

3. 内部设施

现代肉牛养殖推荐散栏式饲养，内部设施包括卧床、牛栏与颈枷、饲槽、水槽、饲喂通道、运动场等。

（1）卧床。散栏式的卧栏可以将牛只采食和休息的区域完全分开。一般牛群头数是卧床数的95%，这样可以增加躺卧时间、减少欺凌。牛床应前高后低，保持平缓的坡度，便于冲刷、排水和保持干燥；卧床垫料可选择粗沙、锯末、干牛粪、稻草等，以保温和护蹄为选择条件。卧床建设参数见表1-1（按体重）、表1-2（按类型）。

表1-1 卧床建设参数（按体重）

体重/kg	卧床尺寸/m			
	宽度	躺卧长度	头部空间	总长
500	1.13	1.58	0.47	2.01
600	1.17	1.66	0.48	2.10
700	1.21	1.72	0.50	2.17

表1-2 卧床建设参数（按类型）

类型	卧床尺寸/m	
	躺卧长度	宽度
小育成牛	1.6～1.8	0.7～0.9
成母牛	1.6～2.0	1.2～1.3
种公牛	2.0～2.2	1.0～1.5
育肥牛	1.6～2.0	1.2～1.3

（2）牛栏与颈枷。牛栏与颈枷用于固定牛只。牛栏位于牛床和饲槽之间，由横杆、主立柱和分立柱组成。每两个主立柱之间的距离与牛床宽度相等，分立柱位于主立柱之间，距离0.10～0.20 m；颈枷两侧分立柱的距离随肉牛体重而异，一般在0.18～0.25 m范围内。分为颈链式、直链式和横链式。

（3）饲槽。可根据牛场实际，分为固定式、活动式，水泥槽、铁槽、木槽。饲槽长度与牛床宽相当，上口宽于下口25～35 cm、近牛侧槽高度低于远牛侧槽20～40 cm，底呈弧形，在饲槽后设栏杆。

（4）水槽。一个水槽要满足10～30头牛的饮水需要。推荐使用恒温水槽，防止冬天结冰。无饮水设施的，固定饲槽可兼作水槽，饲喂后饮水，并及时清理。

（5）饲喂通道。位于料槽前，人工喂料时宽度为2.0～2.5 m。机械饲喂时宽度为2.8～3.6 m。

（6）通气孔。舍内有害气体超标，会影响肉牛增重和健康，所以半开放式和封闭式牛舍应设置通气孔。通气孔的数量和大小依据牛舍大小、类型，结合通气及保温情况综合考虑而定，最好在通气孔上设有活门，可以在雨天或者气温较低时关闭。通气孔总面积为牛舍面积的0.15%左右。

（7）运动场。运动场多设在两栋牛舍之间的空地上，四周用围栏围起，地面以三合土为宜。在运动场内设置水槽和补饲槽。每头牛占地面积见表 1-3。

表 1-3 不同类型牛只占地面积

生长阶段	占地面积 /m^2
犊牛	5～10
育成牛	10～15
成母牛、育肥牛	15～20
种公牛	≥30

二、生产区其他配套设施

1. 消防

可利用场内道路，在紧急情况时能与场外公路相通。采用生产、生活、消防合一的给水系统。

2. 饲草料存放及加工设施

饲料库和加工车间，应防鼠、防鸟、防潮，不漏水，大小根据养殖规模、生产需要确定。

（1）干草库。依据饲养量确定，一般为开放式结构，也可三面设墙、一面敞开，要注意防火防潮，并与其他建筑保持一定距离。

（2）精饲料库。依据肉牛存栏数量和原料储备情况决定，采用单坡屋面，正面开放，高度不低于 3.6 m，宽 6.5～7.5 m，另设计挑檐以防雨雪。宽度要保证供料车进入方便装卸料。设计时注意防潮防鼠。

（3）青贮池。有半地下式、地下式、地上式 3 种。多为条形，三面为墙，一面敞开，一般高为 2.5～4.0 m，深 2 m 以上，宽 2～3 m 为宜，长度因贮量和地形而定。池底稍有坡度，池底设排水沟。

3. 保定架与称牛秤

用于固定牛只，进行疫苗注射、防疫、治疗、修蹄，测量牛只体重、体高等生长发育指标，衡量日增重。

第三节　设施与设备

一、消毒池及消毒室

在生产区大门口和人员进入生产区的通道口，分别修建供车辆和人员进行消毒的消毒池及消毒室，以对进入车辆和人员进行常规消毒。消毒池的宽度以略大于车轮间距即可。池底低于路面，坚固耐用，不透水。在池上设置棚盖，以防止降水时稀释药液。并设排水孔以便换液。

入场人员必须经消毒室进入厂区。消毒室应设有更衣间、洗衣房、淋浴室、洗手池，并配备喷雾、紫外线灯等消毒设备，地面铺设浸湿药液的踏脚垫、海绵等。

二、兽医室及药房

应独立设置兽医室和药房。兽医室应设在牛场下风向，而且相对偏僻一角，便于隔离病牛，减少空气和水的污染传播。大小根据实际情况可灵活设计，一般按牛场存栏的 2%～5%，要求地面平整，易于清洁消毒。

药房应选择避光、通风条件好的地方，有防尘、防潮、防虫、防鼠等设备，并配备存放生物制品的冰箱、冰柜、药品陈列架（柜）、温湿度计、遮光帘、换气扇设施等，避免将药品直接放置在地面上。

三、牛场机械设备

常用的机械设备有农用车、叉车、手推车、草料投放车、饲喂撒料车、自动化投料设备、牧草收获机、搅拌机、铡草机、切割机等，用于饲料原料的切割、粉碎，粗饲料和青贮饲料的加工，饲料投放等。全混合日粮搅拌车，按搅拌方式分为立式和卧式，按机动情况分为固定式和移动式，按需选择。手推车适用于小规模牛场，饲料投放车和自动化投料设备适用于大型养殖场。

四、粪污处理工程

根据牛场规模、养殖数量修建粪便贮存或暂存设施，建设标准应符合《畜禽粪便贮存设施设计要求》（GB/T 27622—2011）。固体粪便从牛舍清运后堆积在堆粪场中发酵，以增加肥力和致死病原体。

第二章

肉牛饲养管理技术

第一节　品种登记

品种登记是肉牛育种最重要、最基础的一项工作，是开展肉牛生产性能测定、后裔测定、遗传评估等育种工作和肉牛新品种培育工作的重要前提。其目的是要保证肉牛品种的一致性和稳定性，促使生产者饲养优良肉牛品种、保存基本育种资料和生产性能记录，以作为品种遗传改良工作的依据。国内外的肉牛群体遗传改良实践证明，经过登记的牛群质量提高速度远高于非登记牛群，因此，系统规范的品种登记工作，已成为肉牛生产特别是实施肉牛群体遗传改良方案中不可缺少的一项基础工作。

一、概念

品种登记是指由专门的机构或者牛场将符合某一品种标准的个体信息，登记在专门的登记簿中或储存于计算机内特定的数据管理系统。

二、登记条件

系谱凡符合以下条件之一即可申请登记：①体型外貌符合其品种特征，来源清楚；②三代系谱记录完整，耳标或其他形式的个体标识清晰；③双亲为同一品种登记牛；④本身已含同品种牛血液84.5%以上；⑤在国外已是登记牛，有官方认证的原始登记号和完整系谱证书，且系谱证书中三代系谱清晰。

三、登记办法

①犊牛出生后三个月以上即可申请登记；②牛只登记需要终生累积进行，要不断对新产生的生产性能数据进行补充记录；③按照"肉牛品种登记表"（表2-1）开展登记。

表2-1　肉牛品种登记表

左侧		正前		右侧	
场名				品种	
地址				血统纯度	
肉牛登记号				生产管理号	
相关DNA检测信息				是否多胎	
性别		出生日期		是否胚胎个体	
来源			来源场/国别		
系谱					
父亲：	祖父：		曾祖父		
			曾祖母		
	祖母：		外曾祖父		
			外曾祖母		
母亲：	外祖父：		外曾祖父		
			外曾祖母		
	外祖母：		外曾外祖父		
			外曾外祖母		

四、牛只编号规则

牛只品种登记号具有唯一性，并且长期使用，以保证信息的准确性。品种登记号由 16 位字符、分五部分组成：2 位品种代码 +2 位省（区、市）代码 +4 位牛场编号 +4 位出生年份 +4 位牛只场内编号（图 2-1）。

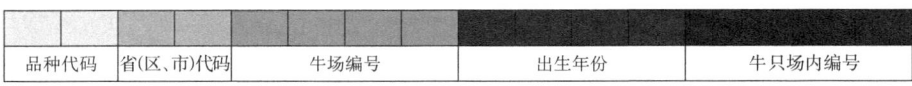

| 品种代码 | 省(区、市)代码 | 牛场编号 | 出生年份 | 牛只场内编号 |

图 2-1　品种登记号组成

1. 品种代码

采用与牛品种名称（英文名称或汉语拼音）有关的两位大写英文字母组成，见表 2-2。

表 2-2　主要牛品种代码信息

品种	代码	品种	代码	品种	代码
西门塔尔	XM	皮埃蒙特	PA	延黄牛	YH
夏洛来	XL	金黄阿奎丹	JH	辽育白牛	LB
利木赞	LM	德国黄牛	DH	南阳牛	NY
安格斯	AG	摩拉水牛	ML	秦川牛	QC
短角牛	DJ	尼里/拉菲水牛	NL	鲁西牛	LX
南德文	ND	三河牛	SH	延边牛	YB
瑞士褐牛	HN	草原红牛	CH	晋南牛	JN
婆罗门	PM	夏南牛	XN	复州牛	FZ
比利时兰	BL	大别山牛	DB	地中海水牛	DZ
海福特	HF	和牛	RH	海子水牛	HZ
锦江牛	JJ	郏县红牛	JX	蜀宣花牛	SX
皖东牛	WD	巫陵牛	WL	皖南牛	WN
新疆褐牛	XH	云岭牛	YL	渤海黑牛	BH

2. 各省（自治区、直辖市）代码

按照国家行政区划编码确定，由两位数码组成，第一位是国家

行政区划的大区号，例如，北京编码是"1"，第二位是大区内省市号，"北京"是"1"。因此，北京编号是"11"。具体见表2-3。

表2-3 各省、自治区、直辖市代码

省份	代码	省份	代码	省份	代码	省份	代码
北京	11	上海	31	湖北	42	云南	53
天津	12	江苏	32	湖南	43	西藏	54
河北	13	浙江	33	广东	44	陕西	61
山西	14	安徽	34	广西	45	甘肃	62
内蒙古	15	附件	35	海南	46	青海	63
辽宁	21	江西	36	重庆	50	宁夏	64
吉林	22	山东	37	四川	51	新疆	65
黑龙江	23	河南	41	贵州	52	台湾	71

3. 牛场编号

占4个字符，由数字或由数字和字母混合组成，字母不区分大小写。该编号在全省（自治区、直辖市）范围内不重复。例如，牛场编号可以为0001，xyz1等。

4. 出生年份

即牛只出生年份4位数字，例如2021年出生即为"2021"。

5. 场内编号

由4位数字组成，同一牛场一年内牛只出生顺序号，不足4位的在顺序号前以0补齐，超过9999的，用字母A–Z+3位顺序号。例如，宁夏某牧场，有一头西门塔尔牛出生于2021年，在该牛场出生顺序是第89个，其编号应按如下办法：西门塔尔牛代码XM，宁夏编号为64，该牛场在宁夏的编号0001，该牛出生年度编号为2021，出生顺序号为0089，所以该母牛的全国统一编号为XM64000120210089。若该牛出生顺序号为10001，则该牛的全国统一登记号为XM6400012021A001。

17

对在群牛只进行登记或填写系谱档案等资料时，如现有牛号与以上规则不符，须按此规则重新编号，并保留新旧编号对照表。如需与其他国家牛只进行比较，应使用20位牛只个体编号，即在品种登记号前加上3位国家代码和1位性别代码，即：3位国家代码+1位性别代码+16位品种登记号。

（1）国家代码。即采用GB/T 2659.1—2022《世界各国和地区及其行政区划名称代码 第1部分：国家和地区代码》规定的"三字符拉丁字母代码"，具体见表2-4。

表2-4 国家代码信息

国家	代码	国家	代码	国家	代码
中国	CHN	英国	GBR	韩国	KOR
美国	USA	法国	FRA	巴拉圭	PRY
巴西	BRA	德国	DEU	乌拉圭	URY
阿根廷	ARG	荷兰	NLD	白俄罗斯	BLR
印度	IND	意大利	ITA	新西兰	NZL
墨西哥	MEX	比利时	BEL	智利	CHL
澳大利亚	AUS	丹麦	DNK	瑞典	SWE
俄罗斯	RUS	加拿大	CAN	芬兰	FIN

（2）性别代码。公牛用F表示，母牛用M表示。

五、种公牛编号规则

种公牛编号由10位阿拉伯数字组成，分为3部分，具体如图2-2。

种公牛站编号	出生年份	站内管理号

图2-2 种公牛编号组成

1. 种公牛站编号

由3位阿拉伯数字组成，前两位是省编号（表2-3），第三位是本省种公牛站顺序号。

2. 出生年份

即种公牛出生年份，由4位阿拉伯数字组成。

3. 站内管理号

由种公牛站自行确定3位数字，通常为年度内牛只出生顺序号，不足3位的在顺序号前以0补齐。

例如：某种公牛站编号是111，2021年出生的公牛，站内管理号为001，其种公牛编号应为1112021001。

第二节　犊牛的饲养管理

一、犊牛的特点

犊牛是肉牛养殖的后备力量，犊牛阶段的发育情况直接关系后期育肥或繁育。一般指初生至断奶阶段的小牛，由于过去犊牛的哺乳期为6个月，故也有人将6月龄前的幼牛称为犊牛。从初生到断奶这个阶段的小牛，由于各种组织器官尚未完全发育，胃内微生物体系还未健全、蛋白酶含量较少，消化吸收能力、适应外界环境能力较弱，容易患病，这对犊牛及成年后生长发育均会产生不利影响。科学的饲养与管理，可以使犊牛实现早期断奶，缩短母牛的产后发情间隔时间，使母牛早发情、早配种、早产犊，缩短产犊间隔，降低生产成本。因此，养殖场务必做好犊牛的饲养管理，提高犊牛成活率、保证犊牛健康生长发育，提高经济收益，促进肉牛产业健康发展。

1. 各项机能较差

犊牛的瘤胃和肠道均发育不完善,功能还比较差,因此对营养物质的消化和吸收都比较弱。同时,犊牛免疫系统还在发育中,对病原菌的抵抗能力较弱,因此犊牛很容易被致病菌感染而发病。此外,犊牛体温调节系统发育不完善,对低温环境几乎没有抵御能力,外界环境温度的变化极易引起犊牛患病。

2. 对营养要求高

犊牛出生后生长环境从子宫内的生活环境变成了子宫外的自然环境,生长环境的明显改变使得犊牛需要承受外界环境的各种刺激。同时,犊牛具有新陈代谢旺盛、生长发育迅速的特点,一般 6 月龄犊牛的体重是刚出生犊牛体重的 8 倍。因此,在犊牛的饲养上,提高营养物质水平才能保证犊牛健康发育。在母乳喂养过程中,母乳如果不够,则需对犊牛进行人工哺乳,以此保证犊牛能够摄取足够的营养物质。当然,还要注意犊牛饮水的干净卫生,饲料营养物质丰富且配比合理。

3. 对养殖环境要求高

犊牛对生长环境温度的要求较高,如果温度较高,不仅会使犊牛感到不适、机体缺水,还会造成大量病原菌的生长繁殖;如果温度较低,则会导致犊牛感冒、腹泻、不愿运动等,对其生长发育造成影响。因此,必须做好犊牛生长环境温度的控制,尤其是刚出生的犊牛。同时,因为犊牛抵抗能力较弱,环境的脏乱、有害气体、不干净的饮水等都会影响犊牛的健康。

近些年来,犊牛的哺乳期已经由之前的 3～6 个月,缩短至现在的 2～4 个月。根据犊牛的生理特点,分为初生和哺乳两个阶段。

二、初生犊牛

犊牛出生后 15 d 以内这段时间，重点是预防疾病和提高免疫力。要做好清除黏液、饲喂初乳、保温等工作。

1. 饲养环节

（1）清除黏液。犊牛出生后，立即清除其口腔、鼻腔中的黏液和异物，确保正常呼吸。并让母牛尽快舔干犊牛身上的黏液，或使用柔软的干毛巾等物品人工擦干，以免犊牛受凉。

（2）断脐。犊牛出生后脐带一般会自然扯断。若未断，先用消毒剪刀在距离犊牛脐部 6～8 cm 处剪断脐带，挤出脐带内污血，再用 5%～10% 的碘酊浸泡脐带断端 1～2 min 消毒，不要将药液灌入脐带内，以免引发脐带炎症。断脐不要结扎，以自然脱落为好。

（3）饲喂初乳。犊牛出生后 0.5～2.0 h 内，应采食 1～2 L 初乳。对于体质较弱的犊牛，采取人工辅助方式诱导犊牛采食初乳；若母牛牛乳不足或产后死亡，让同期分娩的其他健康母牛代哺。

（4）保温。牛属于恒温动物，需要调动额外的能量以保持身体的温度，这个临界点称为最低临界温度（Low critical temperature，LCT）。初生犊牛的 LCT 为 10～15 ℃，最适宜的环境温度为 15～25 ℃，随着体重的提高，LCT 降低。实际生产中，应根据牛场条件、地区气候、饲养水平，合理设置犊牛舍温度。低温对犊牛的影响会随着风速及湿度的增加而增加。

2. 管理要点

（1）犊牛出生后饲喂初乳的时间、数量与质量直接关系后期生长发育。出生当天初乳饲喂次数以 3～4 次为宜，之后每日饲喂 3 次；一般日饲喂量为体重的 10%，同时兼顾犊牛的体重大小及健康状况；初乳的温度宜在 35～38 ℃。

（2）在犊牛被毛擦干或自然晾干后，吃第一次初乳前，称初生重；根据当地编号办法，10 日龄内进行牛只编号、打耳标，并做登记。登记内容包括：母牛编号、胎次、配妊日期、与配公牛号、妊娠天数、产犊日期、产犊难易、犊牛编号、性别、初生重、胎次。按照管理要求进行称重、体尺测量等。

（3）确保投入品，包括饮水、代乳粉、饲料等的清洁以及品质。冬季要注意防止饮水冻冰结块、夏季注意饲料发霉变质等问题。人工喂乳时，注意用具的清洁，每次用后必须清洗干净。

（4）为防止异食癖等发生，犊牛最好单栏饲养。犊牛入舍前圈舍必须进行消毒，防止病菌交叉感染，消毒药液定期更换；圈舍保持清洁、干燥、温暖和通风。

（5）犊牛每天运动应不少于 1 h，并随着日龄增长，增加运动、晒太阳时间，促进维生素 D 的合成、钙磷的代谢。

三、哺乳期犊牛

1. 饲养环节

（1）哺喂常乳。犊牛 4～7 日龄后进入常乳阶段，哺乳期为 90～120 d。若母乳不足或产后母牛死亡，应由其他母牛代哺或饲喂代乳粉等。代乳粉每日饲喂量占犊牛体重的 8%～12%，每日饲喂 2～3 次，奶温保持在 36～38 ℃。

（2）饮水。犊牛 7 日龄后，应使用水桶或水槽供给 36～37 ℃的温开水。10～15 日龄后饮常温水；1 月龄后自由饮水，水温不应低于 15 ℃。应在运动场内设水槽，自由饮水，每天刷洗水桶或水槽。

（3）补饲饲料。2 周龄左右开始训练犊牛采食颗粒饲料（开食料），颗粒饲料蛋白质含量≥18%。随着日龄和犊牛体重的增加维持或逐渐增加精饲料补充量。精饲料应以易发酵的物质为主，并添加钙、磷等矿物质和维生素添加剂，一方面满足犊牛生长需要，另一方面可以促进瘤胃乳头的发育。

（4）补饲饲草。3周龄开始训练犊牛自由采食豆科、禾本科牧草，饲草应铡短到1.5～2.5 cm，任犊牛自由采食，这样做既可以防止犊牛舔舐异物，并且能够促进瘤胃发育。断奶前不应饲喂青贮饲料。精粗饲料的共同刺激，可以帮助犊牛尽早建立起瘤胃微生物菌群，促进犊牛的生长发育。

2. 管理要点

（1）犊牛7～14日龄从产房转入哺乳母牛舍饲养。应单独设置犊牛补饲区，补饲区应设置饮水槽或饮水桶，并铺设垫草。

（2）后期用于育肥的犊牛，最好在出生后2～5周去角，常用的方法有电烙铁法和苛性钠法。去角后24 h内，应防止雨水等液体淋湿犊牛头部。

①电烙铁法。将电烙器加热到一定温度后，牢牢地压在角基部直到其下部组织烧灼成白色为止，然后在伤口处涂抹青霉素软膏或硼酸粉。

②苛性钠法。固定好犊牛后，先剪去角基部的毛，再用凡士林涂一圈（以防以后药液流出，伤及头部或眼部），然后用打湿的棒状苛性钠擦拭角基部，至表皮有微量血渗出为止，伤口未变干前尽量不要让犊牛吃奶，以免腐蚀母牛乳房皮肤。

（3）一般采用逐渐断奶法。断奶前1个月左右，有计划地减少母牛与犊牛在一起的时间，控制犊牛哺乳次数，并逐渐增加颗粒饲料饲喂量，做好断奶前的过渡。当犊牛3～4月龄，颗粒饲料采食量达到1.0～1.5 kg时，与母牛彻底分开，实施断奶。犊牛断奶后，饲槽应保持一直有青干草,并训练犊牛开始采食青贮饲料,从而完成以精饲料为主逐渐向青贮饲料和粗饲料为主的过渡(表2-5)。这个阶段,是促进瘤胃容积发育的重要时期,应给犊牛提供充足的粗饲料,同时,因为这个阶段饲料的转变以及饲喂方式的变化,尽量减少犊牛的应激。

表2-5 4月龄犊牛断奶补饲参考方案

犊牛月龄	颗粒饲料/kg	优质干草/kg
1月龄	0.1～0.2	—
2月龄	0.3～0.6	0.2
3月龄	0.8～1.0	0.5
4月龄	1.0～1.5	1.0

(4)犊牛圈舍和运动场要保证清洁干净,定期进行打扫和消毒。根据季节性细菌、病毒的高发期,选择消毒药,并且不同类型定期交换使用。犊牛舍湿度一般控制在45%～60%,并保证空气流通。犊牛饲具等必须每天清洁。

四、断奶犊牛

1. 饲养环节

(1)断奶后,转入犊牛舍饲养,增加颗粒饲料、优质饲草饲喂量,颗粒饲料日饲喂量1.5～2.0 kg,优质饲草日饲喂量0.5～1.0 kg。

(2)5～6月龄,应逐步向全混合日粮饲喂过渡,精饲料粗蛋白质水平16%～18%,日粮精饲料补充料2.0 kg,优质饲草1.0 kg,全株玉米青贮5.0 kg。一方面,由于犊牛瘤胃未发育完全,不易消化干物质含量低、纤维含量高的发酵饲料;另一方面,青贮饲料具有轻泻作用,过量饲喂易导致幼畜拉稀、腹泻,所以不建议过早饲喂青贮饲料，在犊牛早期，应选择干物质含量高的饲料。

（3）为保证微量元素及矿物质的供给，在犊牛圈舍放置舔砖，让其自由舔食。

2. 管理要点

（1）根据犊牛群体大小，按月龄、体重、性别分群饲养，保持一定的饲养密度，每头牛运动场面积 10～15 m²。

（2）按照管理要求，测定断奶、6 月龄犊牛体重、体尺指标（包括：体斜长、体高、胸围、十字部高、管围等）。

（3）观察犊牛的行为、精神、采食、粪便、被毛和皮肤等，出现异常及时诊治。

（4）断奶后，进行"两病"检疫，并进行口蹄疫和炭疽芽孢苗免疫接种，一般首次免疫 10 d 后进行加强免疫，之后按照正常的免疫程序进行接种。

（5）6 月龄之后，犊牛要进行驱虫和健胃。

①首次驱虫要全面彻底，体内结合体外。采用联合用药的方式进行驱虫。为避免驱虫药物中毒，一定要严格掌握使用方法和剂量；内服驱虫药在牛空腹时投喂效果最佳。建议：伊维菌素（皮下注射）+ 阿苯达唑（内服）。

②驱虫前禁食 12～18 h；一般每季度进行 1 次预防性驱虫；驱虫后 2～5 h，观察犊牛精神状态与排泄物，如出现中毒症状，及时进行解毒。同时，用 5% 石灰水对圈舍地面、墙壁等进行消毒。

③在驱虫 3 d 后，可以进行健胃，有效改善消化机能、增加食欲。饲喂益生菌制剂对肠胃菌群进行调节，之后饲喂健胃药物。建议：山楂开胃酵母粉、多味健胃散等。除了定期投喂外，也可以选择在日粮中长期添加健胃药物。

（6）每日应供给足量、清洁饮水，水温保持在 15～20 ℃，同时，保持环境卫生、清洁，定时清理粪便。冬季应注意犊牛舍的保暖，防止寒风侵入，犊牛栏内应铺柔软、干净的垫草；夏季应注意防暑，避免长时间日光直射。

第三节　能繁母牛的饲养管理

能繁母牛包括基础母牛和后备母牛，一般 13～15 月龄、体重达到成年体重 70%，已经达到性成熟的母牛。能繁母牛是肉牛产业发展的"牛鼻子"，要促进肉牛产业健康快速发展，必须加强能繁母牛的管理水平，提高能繁母牛的繁殖力。

一、后备母牛

后备母牛包括育成母牛和青年母牛，后备牛饲养的主要目标是为了获得相对持续的增长率，使后备牛能够在 13～15 月龄左右拥有适于配种的体格，并在 25～26 月龄左右产犊。

1. 饲养

育成母牛是指 7 月龄至初次配种的母牛。此阶段的日粮类型以青粗饲料为主。根据育成母牛的生长发育规律及生理变化特点，此阶段母牛日增重应保持在 0.6～1.0 kg，精饲料补充料粗蛋白质含量 16%～18%，日饲喂量为体重的 0.5%～0.6%，占日粮干物质的 25%～30%，应采用全混合日粮饲喂。

青年母牛是指初次配种至产犊的母牛。此阶段母牛应分为两个阶段饲养，第一阶段为妊娠 6 个月内，日增重应保持在 0.6～0.8 kg，精饲料补充料粗蛋白质含量 14%～16%，日饲喂量为体重的 0.5%～0.6%，占日粮干物质的 20%～25%；第二阶段为妊娠7个月至产犊，日增重应保持在0.5～0.7 kg，精饲料补充料粗蛋白质应为13%～15%，日饲喂量为体重的0.5%～0.6%，占日粮干物质的25%～30%，应采用全混合日粮饲喂。

2. 管理

（1）分群管理。应按月龄、体重、妊娠阶段相近的原则合理分群，群内个体月龄差异≤3个月、体重差异≤50 kg，每群牛头数≤30头。

（2）转群。定期测定体重和体尺，监测生长发育情况，按生长发育情况和生理阶段及时转群。

（3）防寒防暑。冬季应做好防寒防风工作，避免牛只被冻伤。夏季气温高于25 ℃时，应做好防暑降温工作，缓解和减少热应激对牛的危害。

（4）生长发育测定。测定6月龄、12月龄、初产阶段体重、体尺指标。体尺指标包括体高、体斜长、胸围、管围、十字部高等。

（5）初配。应在13～15月龄、体重达到成年体重70%开始配种，注意观察发情表现，适时配种，并严格做好选种选配工作。

（6）妊娠检查。受配后30～40 d或50～60 d应分别采用B超检查法和直肠检查法进行妊娠检查，90～120 d应进行直肠复检。

（7）建立档案。应及时、准确、完整记录母牛生产信息，填写《良种肉用母牛系谱登记册》，记录体重、体尺测定指标和繁殖信息。

二、妊娠母牛

肉用母牛的妊娠期一般为270～290 d，平均为280 d，分为妊娠前期（怀孕0～3个月）、妊娠中期（怀孕4～6个月）和妊娠后期（怀孕7个月至分娩）。妊娠期母牛饲养管理以促进胎儿的发育，降低死胎率，提高产犊率为目的。

1. 饲养

（1）妊娠前期的饲养。妊娠前期胚胎生长发育缓慢，主要以母体生长发育为主。此时母牛营养需要量不大，保证中等膘情即可，不可过肥。营养的补充应以优质青粗饲料为主，适当搭配少量精饲料。要保证维生素（预混料）及微量元素（舔砖）的供给。此阶段日粮以全株玉米青贮、优质青干草为主，辅以秸秆，日粮干物质精粗比 20∶80，精饲料补充料 1.0～1.5 kg。

（2）妊娠中期的饲养。妊娠中期胎儿增重加快，此阶段是保证胎儿发育所需要的营养。可适当补充营养，但要防止母牛过肥和难产。应适量增加精饲料喂量，多给蛋白质含量高的饲料。此阶段日粮以全株玉米青贮、优质青干草为主，辅以秸秆，日粮干物质精粗比 20∶80，精饲料补充料 1.0～1.5 kg。

（3）妊娠后期的饲养。妊娠后期是胎儿发育的高峰期，胎儿生长发育速度快，营养需求量大。胎儿的大脑、骨骼和神经系统发育较快，其生长占整个发育期的 70% 左右，既要保证胎儿的正常生长和母体营养的储备，也要保证营养的供给。此阶段母牛应保持中上等体况，日粮组成应增加精饲料补充料比例，精饲料补充料应营养均衡和全价，但精饲料补充料的饲喂量不能过多，避免因胎儿过大造成难产。此阶段日粮干物质精粗比 30∶70，精饲料补充料 1.5～2.0 kg。

2. 管理

（1）防止流产。母牛适当运动，保证体质良好，利于分娩。要合理调群，防止牛群饲养密度过大，减少调群次数。防止母牛间的相互抗撞，不应鞭打、驱赶母牛，慎重用药。

（2）牛舍清洁。注意保持牛体和圈舍清洁卫生。牛舍应保持清洁干燥、通风良好，定期消毒。

（3）转群。应按照牛群妊娠月龄，分妊娠前、中、后期进行牛群周转。

（4）接产准备。分娩前1个月内应注意观察母牛乳房，外阴等是否具有分娩征兆，有分娩特征的母牛，应及时进入产房做好接产准备。对患有习惯性流产的母牛，服用安胎中药或注射"黄体酮"等药物。

（5）乳房按摩。从妊娠第5~6个月到分娩前1个月为止，每日用温水清洗并按摩乳房1次，每次3~5 min，以促进乳腺发育。

（6）母牛体况评分。应在母牛妊娠后180 d、产犊前30 d、产犊后60 d，对待评母牛个体的脊柱、尾根、坐骨端、腰角、肋部和胸部等关键部位进行评定。

三、围产期母牛

围产期分围产前期和围产后期。围产前期是母牛产犊前15 d，围产后期是母牛产犊后15 d。围产期，母牛机体发生一系列剧烈的生理变化，包括胎儿快速生长、分娩、泌乳以及生殖道和卵巢机能恢复等，这些生理过程都可能对母牛以后的繁殖产生影响。因此，饲养管理上将围产期单独划分出来，加强此阶段的饲养管理，降低母牛及犊牛的发病率和死亡率。

1. 饲养

围产前期母牛日粮应以营养丰富、品质优良、易于消化的饲料为主，禁喂块根等多汁饲料，精饲料补充料饲喂量应与妊娠后期保持一致，日饲喂量应为体重的0.3%~0.35%。

围产后期母牛日粮应以易消化的优质干草和青贮饲料为主，精饲料补充料为辅，精饲料补充料粗蛋白质含量应达到14%~16%，且富含矿物质、微量元素和维生素。分娩后2~3 d，每日补充1.5 kg精饲料补充料，青贮饲料4~5 kg，优质干草2 kg；分娩后4 d，每日增加精饲料补充料0.5 kg，青贮饲料1~2 kg，精饲料补充料饲喂量不超过体重的 1.0%。

2. 管理

（1）产前准备。查阅配种记录和预产日期，做好转群及接产用具、药械准备。

（2）牛舍清洁。产房应清洁、干燥、宽敞、安静，保暖性、通风性良好。每头母牛面积 10～15 m²，母牛进入产房前应用 2% 氢氧化钠溶液喷洒消毒，地面应铺设厚度为 10～15 cm 清洁、干燥、柔软的垫草或沙子。产房应每天打扫、更换垫草、消毒。

（3）运动。母牛临产前每日应保证运动 1～2 h，产后每日应保证运动 2～3 h。

（4）分娩与助产。应让母牛在安静的环境下自然产犊，如需助产，应做好助产人员和器械的消毒，合理进行助产。

（5）记录。应及时、准确填写母牛生产档案，包括：产犊日期、产犊难易、犊牛品种、犊牛性别、初生重等。

（6）哺喂初乳。犊牛出生后 0.5～2 h，应协助犊牛站立，并确保犊牛采食 1.0～2.0 L 初乳；24 h 内多次哺喂。

（7）产后护理。正常分娩的母牛经适当休息后，应立即驱赶站立行走，产后 1 h 内哺乳犊牛，母牛分娩后 1～2 h 应给予温热麸皮盐钙汤 15～20 kg（水温 36～38 ℃，麦麸 1～2 kg，食盐 0.05～0.1 kg，碳酸钙 0.05～0.1 kg，益母膏 250 g，红糖 0.5～1 kg）；做好产后监护，分娩后观察母牛是否有异常出血，如发现持续、大量出血应及时检查出血原因，并进行治疗；分娩后 12 h 检查胎衣排出情况，如 12 h 胎衣未完全排出，应按照胎衣不下进行治疗；分娩后 7～10 d 观察恶露排出情况，如发现恶露颜色、气味异常，应及时治疗。

（8）饮水。应充足供给饮水，夏季为常温饮水、冬季饮水温度为 10～15 ℃。

（9）防暑防寒。在炎热的夏季应做好防暑工作。在寒冷的冬季应做好防寒、防风工作。

（10）转群。母牛分娩7 d以后，应将母牛、犊牛转入哺乳母牛舍进行饲养。

四、哺乳母牛

哺乳期是母牛哺育犊牛、恢复体况、发情配种的重要时期，不但要满足犊牛生长发育所需的营养需要，而且要保证母牛中上等膘情，以利于发情配种。此期应根据母牛产乳量变化和体况恢复情况，及时调整日粮饲喂量。

1. 饲养

（1）泌乳初期。指母牛产后15 d内的阶段，是母牛的产后恢复期。分娩后最初几天，要限制精饲料及根茎类饲料的喂量。分娩后2～3 d，日粮以易消化的优质干草和青贮饲料为主，补充少量混合精饲料，精饲料粗蛋白质含量要达到12%～14%，富含必需的矿物质、微量元素和维生素；每日饲喂精饲料1.5 kg、青贮饲料4.0～5.0 kg、优质干草2 kg。分娩4 d后，每增加精饲料0.5 kg、青贮饲料1～2 kg。同时注意观察母牛采食量，并依据采食量变化调整日粮饲喂量。

（2）泌乳盛期。指母牛产后16 d至2个月的时期，是母牛产奶量最大的阶段。母牛身体逐渐恢复，泌乳量快速上升，此阶段要增加日粮饲喂量，并补充矿物质、微量元素和维生素。每天饲喂精饲料2.0～3.0 kg，青贮饲料12～15 kg，优质干草1～2 kg。日粮干物质采食量9～10 kg，粗蛋白质含量10%～12%。日粮精粗比例控制在50∶50左右。

（3）泌乳中期。是母牛产后2～3个月的时期。此期母牛泌乳量开始下降，采食量达到高峰。应增加粗饲料喂量，减少精饲料喂量，每天饲喂精饲料 2.5 kg 左右，青贮饲料 10～12 kg，优质干草 1～2 kg。日粮精粗比例控制在 40∶60 左右。

（4）泌乳后期。是指母牛产后 3 个月至犊牛断奶的时期，这个阶段应多供给优质粗饲料，适当补充精饲料，为了使母牛保持中上等膘情，每天精饲料喂量 1.5～2 kg。日粮精粗比例控制在 30∶70 左右。

2. 管理

（1）断奶。产后 7～14 d，犊牛从产房转入哺乳母牛舍饲养。应单独设置犊牛补饲区，补饲区应设置饮水槽或饮水桶，并铺设垫草，2 周龄左右开始训练犊牛采食颗粒饲料。当犊牛 3～4 月龄，颗粒饲料采食量达到 1.0～1.5 kg，可与母牛彻底分开，实施断奶。

（2）体况评分。应在母牛产犊后 60 d 左右，对待评母牛个体的脊柱、尾根、坐骨端、腰角、肋部和胸部等关键部位进行评定。宜采用 9 分制进行评分，体况应达到 4～5 分。

（3）配种。产后 40～60 d，注意观察母牛发情状况，及时配种，做好配种记录。有条件的养殖场（户），可应用同期发情定时输精的方法。

第四节　育肥牛的饲养管理

育肥牛的来源主要有公牛、阉牛和淘汰母牛，品质最好的是肉用公牛。公牛根据生产阶段分为后备公牛、育肥牛、成年牛和老残牛。

一、后备公牛的饲养管理

1. 后备公牛的选择

肉牛育肥效果的好坏，首先取决于后备牛的选择是否得当，一方面必须掌握市场行情，选购时价格合适；另一方面必须选购容易饲喂、生长发育好、容易长膘的架子牛。选择时应从以下几个方面综合考虑。

（1）品种与改良程度。我国目前肉牛育肥主要以西门塔尔、夏洛来、利木赞和安格斯等品种及其与中国黄牛的杂交后代为主。这样的牛生长发育快、早熟易肥、耐粗饲、饲料报酬高，若育肥条件好，可生产高中档牛肉。荷斯坦奶公犊生长发育速度快，但肉质稍差。土种黄牛体格小，成熟晚，育肥效果差。后备牛选择要看牛的体型外貌。选择背腰粗直，后躯平而宽，前胸发育好，肋骨宽广，腿部肌肉充实的。

（2）牛的体型和各部位发育程度。选择体型大，体躯宽深，腹大而不下垂，尻部宽长，背腰宽平，四肢端正，骨架大，骨骼细致而结实，皮肤薄柔软有弹性。头颈部位要求口裂深，额宽，角浑圆，颈粗短，被毛柔软密生。嘴唇宽广而齐，牙口好，消化机能旺盛。

要选择好架子牛，首先知道其体重、体高和胸围，把这些数据与该品种各月龄发育标准对比，大于平均值为好，要求各部位发育正常，一般规律是：

①四肢及胴体较长的牛好。成年牛体躯各部位发育匀称，但幼牛体型过早趋向匀称，将来不一定发育好。

②牛的十字部略高于体高，后肢飞节高的牛发育能力强。前蹄大、方圆，踏地有力的牛一般体型也大。

③皮肤松弛柔软、皮毛柔软密实的牛肉质好。用手牵拉颈侧中间部和肋骨处的皮肤时柔软、松弛、不紧凑，有湿润感为好。

④背、腰肌肉充盈，肩胛与四肢强健有力者好。从外形上观察：如果头粗重、颈细长、胸部狭窄、前胸松弛，背凹拱腰，中腹下垂，后腹上收，四肢弯曲无力，站立不稳，行走踏地无力的牛不适宜选

作育肥。假如小牛生长不像正常小牛的外形，而是头较大，颈细长，肚子大、尻尖腿短，说明牛生前（胚胎期）生长发育受阻。如果成年牛像小牛的外形，四肢细长，腹小，体躯短而狭窄，说明青年期生长发育受阻。这类牛都不适宜选作育肥，即使改善营养条件，也很难改变体型和增加较多肉量。

（3）健康状态。选择健康无病、消化机能正常的牛才能作育肥后备牛。健康牛眼睛明亮有神，眼球和耳朵转动自如。牛鼻镜湿润，采食及反刍正常。牛粪硬度适当，一节一节，团结小块及落地飞散，颜色通常为黄褐色或暗褐色。健康牛行走自如，肢蹄姿势正确，踏地有力。性情温顺，合群性好，遇到各种刺激无神经质反应。鼻、口及阴部无异常分泌物，皮肤有弹性无硬结，被毛浓密富有光泽。有的牛虽发育好，但性情暴躁，神经质或行动不便都不适宜育肥。

（4）牛的性别和年龄。我国育肥后备牛主要是公牛，母牛一般在失去繁殖能力后用于育肥，青年公牛育肥时生长速度快。总的来说，断奶后的青年公牛正处于生长发育的强烈时期，已具有一定骨架和一定的体况，增重快、饲料报酬高，牛肉较嫩，多汁，有特殊香味，肉质极好，这时候育肥比较经济。但由于品种类型不同，达到体成熟的年龄也不相同，最适宜的年龄选择也有差别。国外肉用牛品种，在1.5岁、2岁时就已育肥出栏。有些小型早熟品种，甚至在断奶后或1岁时就育肥出栏。我国杂种肉牛，根据各地育肥试验和育肥经验，在1.5岁、2岁、2.5岁时育肥出栏较合适，既经济、牛肉质量又好。

2. 饲养管理

经选定作育肥的后备牛，要逐头检疫，避免疫病传播造成经济损失。购入前要预先将牛舍棚牛圈的粪便和垫草清除干净，喷洒酚皂液、石炭酸或波尔多液消毒。水槽与食槽打扫干净，在牛床上铺新垫草或锯末。

（1）分组、个体编号、建立育肥记录。牛只较多而分期分批育肥时，可按照牛的品种、性别、年龄、体重和膘情等情况分成若干小组，进行个体编号。每头牛要建立育肥登记表，记录日期、体重和增重、饲草饲料的消耗量，以便进行成本核算，检查育肥效果。

（2）驱除体内外寄生虫。寄生虫病对肉牛育肥有很大危害，是肉牛育肥中最常见的疾病。体表寄生虫影响牛的安静，不利于采食和休息，侵袭牛皮影响质量。体内寄生虫不仅争夺宿主的营养，造成养分的消耗，而且寄生在肺、肝、脑、肌肉内还会出现病症甚至传染给人，起不到育肥效果。据调查，从牧区、半牧区、阴湿多雨地区购入的牛，寄生虫发病率高，必须及时驱虫。常用的广谱驱虫药是盐酸左旋咪唑、丙硫咪唑、伊福丁等。一般用丙硫咪唑，剂量每公斤体重 10 mg；或育肥前按每公斤体重灌敌百虫一片，第三天后用大黄苏打片进行健胃，剂量每 15 kg 体重喂 1 片。或用虫克星（Avermectin B）更安全、无残留、无抗药性，有效剂量为 0.2～0.3 mg/kg 体重。

螨病（又称"疥癣"）对育肥生产危害较大。是一种接触性传染的皮肤寄生虫病，具有传染快、病程长的特点，在群体中不易根治，多发生于冬春季节。因牛舍阴暗潮湿、密度过大、皮肤状况不良、阳光浴少而发病。病初脱毛、奇痒、严重时皮肤覆有痂块、干裂、脓血、食欲减退、发育停滞、衰弱消瘦，甚至死亡。一旦发现要及时隔离治疗，用杀螨剂消毒牛舍及被污染的用具。用溴氰菊酯、伊维菌素、巴胺磷、二嗪哝（螨净）、林丹、辛硫磷及敌百虫等药物治疗。用油炸辣椒可治疗牛疥癣，治愈率达 90% 以上。其方法取食用油 250 g，放在锅内烧熟，将炸焦的红辣椒 10 个碾成粉，调成糊状，然后用毛笔软刷在患病部位涂抹，早、晚各一次，一般 3～5 d 即可痊愈。

（3）去势。公牛性成熟后，雄性激素分泌增多，性机能旺盛，活泼好斗，喜欢爬跨它牛。一般认为去势后育肥，性情变得安静温顺，育肥期间易管理，有利于体内能量堆积并提高产肉量。目前认为，公牛不去势育肥，不仅生长速度快，而且胴体品质好、瘦肉率高、饲料报酬高。因此青年公牛育肥可以不去势，但要及早分群，便于饲养管理。

（4）刷拭和运动。刷拭可保持牛体清洁，促进皮肤新陈代谢和血液循环，提高采食量，也有利牛的管理。拴系饲养的育肥牛只每日定时刷拭1～2次，牛喂饱后进行。从头到尾，先背腰、后腹部和四肢，反复刷拭。也可在运动场或牛舍安装牛体刷，供散栏饲养方式的育肥牛自行刷拭。

（5）群饲或拴饲。牛舍饲育肥有群饲和拴饲两种饲养方式。小群体围栏通槽饲喂与固定床位、拴系饲喂各有优点。如果饲料喂量固定，拴饲好；自由采食，群饲好。各地根据牛的类型、牛舍及饲养条件，因地制宜确定群饲或拴饲。一般情况下，架子牛强度育肥，在自由采食时可以群饲；围栏育肥，每群10～20头，每头牛所占牛床面积4 m^2。成年牛（淘汰年）快速催肥时可以拴饲。

（6）牛舍保暖防暑，保持干燥清洁。牛舍要勤垫草，勤除粪尿，经常打扫并保持干燥清洁，空气新鲜。注意饲槽、牛体、饲草料和饮水卫生。牛舍建筑要体现冬暖夏凉原则，冬季防寒防风，夏季防暑降温。在高温高湿季节，牛食欲下降影响体重增加。牛汗腺不发达，不具备排解酷热和应激体温调节机能，因此夏季育肥可在舍外设置遮阴凉棚，避免日光直射，增加空气流通，尽量增加牛体表面散热能力，保证充足饮水。

二、育肥牛的饲养管理

育肥方式主要分为短期育肥和持续育肥。肉牛育肥期科学饲养管理是提高饲料利用效率和日增重、防止疾病发生、加速周转、提高经济效益最关键的技术环节。应根据育肥牛头数和日期准备充足的饲草饲料，制定育肥饲养方案。饲草以优质干草、青贮玉米、氨化秸秆、微贮秸秆搭配，混合精饲料备足，充分利用糟渣类及农副产品。准备好牛舍和牛圈，搞好日常的饲养管理。

1. 育肥牛的饲养

根据育肥方式又分为短期育肥和持续育肥。

（1）短期育肥。也称为架子牛育肥，一般分为3个阶段。

①过渡饲养期。一般20 d左右。架子牛进场后先隔离观察，让牛适应新的饲料和环境。休息1～2 h之后饮水，不超过20 L，每头牛给100 g人工盐。第一次饮水3～4 h之后，可以进行第二次饮水，水中可以掺入少量麸皮。充足饮水之后，第一次饲喂粗饲料自由采食，长度5 cm为宜，不能太短。之后逐步过渡到1～3 cm长度，2～3 d后，饲喂精饲料，从0.5 kg逐步过渡到1.5 kg。

②育肥前期。一般40 d左右。精饲料占日粮干物质的50%～60%，日增重在0.8～1.0 kg。

③育肥后期。一般60 d左右。精饲料占日粮干物质的70%～80%，日增重在1.2～1.4 kg。

（2）持续育肥。一般分为3个阶段。

①适应期。一般30 d左右。给予断奶犊牛优质粗饲料，精饲料由少到多逐渐增加。

②增肉期。一般7～8个月。前5～6个月，以粗饲料为主，精饲料占日粮干物质的30%～40%，后2～3个月，粗饲料减半，

精饲料占日粮干物质的 60%～70%，日增重在 1.0 kg 以上。

③催肥期。一般 2~3 个月。以精饲料为主，精饲料占日粮干物质的 80%～90%，适量添加干草。

2. 育肥牛的管理

（1）饲草料多样化，合理搭配。肉牛日粮一般由粗（青）饲料和精饲料两部分构成，不仅要求有适当容积和采食量（干物质），还需要保证质和量的满足。任何单一的草料很难完全满足牛的营养需要；长期饲喂单一的饲草料，对胃肠道刺激单调，导致消化不良从而降低牛的食欲和采食量。因此，粗饲料应由 2～4 种饲草构成，精饲料应由 3～4 种构成。同时还要考虑禾本科与豆科饲草适当搭配，这样易做到日粮平衡，充分发挥牛的增重潜力。正如农民所说"杂花草混合料，牛爱吃，易上膘"。

（2）饲草料相对稳定，防止突然更换。育肥期间，尤其是强度育肥或快速催肥，需要在极短的时间内保持较高的日增重，这就需要饲草料相对稳定。若突然更换，必然会引起瘤胃内环境改变，直接影响瘤胃微生物区系和发酵活动，导致降低发酵强度和饲草料的消化吸收率，甚至引起消化道的疾病。

（3）饲养、饲喂方式逐渐过渡。在育肥期间，改变饲养方式或者更换饲草料，应采取逐渐过渡、由少到多的方式。

（4）定时饲喂，营养均衡。日喂 2～3 次，应做到长草短喂、精饲料细喂、硬料软喂、草料混合均匀，让牛一次吃饱。注意观察牛的采食、反刍、排粪情况，发现异常及时采取措施。

（5）饮水充足，保持清洁。牛的饮水量、饲料性质和气候条件有很大关系。如果日粮中含粗蛋白质、矿物质及粗纤维高时，需增加水量 22%～100%；如果日粮中含青贮饲料、青饲料及糟渣类饲料高时，需减少水量。肉牛围栏育肥时夏季需水量要比冬季增加 50% 左右；舍饲育肥夏季有遮阴棚舍，通风凉爽，需水量可减少

8%。每采食 1 kg 饲料干物质需水 3～4 kg。在常温下，每 100 kg 体重需饮 10 L 水，在热天时需增加到 12 L。目前，宁夏肉牛饲养饮水定额，每头牛每天 50 L。

牛育肥自由采食时，设常备水槽，随渴随喝。水必须经常更换，保持水质清洁、新鲜，冬季可饮温水。放牧育肥或拴系饲养时，应定时饮水，每日 2～3 次，以饮足为原则。

（6）定期称重。每月定期在早晨称量肉牛空腹体重，根据称重结果，检查各阶段增重情况和计算育肥成绩。增重降低时，检查饲养管理方法，进一步调整、修订育肥方案。也可根据生产情况，每 2～3 个月称重一次，逐头称重并做好记录。

（7）注意观察牛只挑食和厌食现象。牛只挑食干草（或秸秆类饲草）的现象通常是多加精饲料造成的。以粗饲料型日粮为主，粗纤维含量保持在 15% 以上，适当搭配精饲料；以精饲料型日粮为主，每日粗纤维含量不得低于 10%。在正常情况下精饲料过多时，牛反刍缓慢、胃壁变薄，牛出自生理本能开始挑食干物质含量高的干草，满足粗纤维的需要，此种情况为生理性反应，可适当降低精饲料的喂量。

育肥后期出栏前往往出现采食量骤然下降，食欲明显降低。牛只早期厌食是由于育肥前期（初期）粗饲料喂量不足，影响胃的健全发育，消化功能减弱所造成的。当牛早期出现厌食现象必须给予足够的粗饲料，改善日粮的适口性，可添加少量糖蜜，多喂些麸皮、大麦、燕麦或用大麦片代替粉状饲料。临近育肥末期出现厌食，食欲明显减退，但不存在发烧、粪便异常，则是正常现象，应考虑及时出栏。

（8）每日清除粪尿 1～2 次，保持舍内地面清洁。每天多次观察牛群状态，及时发现意外情况和病牛，及时作出处理。夏季防暑，冬季防寒，保持适宜舍温。

第三章

肉牛选育技术

第一节 育 种

利用现有畜禽资源,采用一切可能的手段,改进家畜的遗传素质,以期生产出符合市场需求的数量多、质量高的畜产品。

一、育种的作用

在影响畜牧业生产效率的诸多因素中,品种或种群的遗传基础起主导作用,对畜牧生产效率提高的贡献在40%以上。

1. 提供良种

同等条件下,良种创造的产品和效益比一般品种要高。通过育种工作,培育新品种、新品系,保证肉牛生产群体具有很高的总体生产性能,为市场提供符合要求的高质量动物产品,使之在市场竞争中保持优势。

2. 合理保护和开发利用

通过育种工作可以充分利用肉牛品种资源,发挥优良品种珍贵基因库的作用,提高产品的质量和生产特色牛肉产品;同时通过合理开发利用品种资源,可以有效地保护现有品种资源,为肉牛业持续发展奠定基础。

3. 提供杂交亲本

杂种优势的利用是肉牛生产和新品种利用的一个特点,是挖掘动物遗传潜力的重要手段。通过育种工作,筛选适合当地自然、社会经济条件及市场需求的最优杂交组合,为生产具有最大杂种优势、符合工厂化生产需要的高产、低耗的商品肉牛提供了种源保障。

二、肉牛育种的特点

1. 长期性

肉牛世代间隔长，选育群体规模小，选育进展缓慢，但有累加性。因此，肉牛育种是一项长期而艰苦的工作，不能有任何中断和懈怠，否则将会前功尽弃。

2. 综合性

任何性状/生产性能的表现都是遗传与环境共同作用的结果，因此肉牛育种必须综合考虑品种、环境条件、营养水平、饲养管理、疾病防治等遗传、环境、疾病等多方面的影响因素，制订合理的育种方案，采用适当的育种措施，方能获得良好的育种效果。

3. 广泛性

育种技术非常广泛（超声波测膘技术、计算机技术、胚胎移植技术、冷冻精液技术）等，从体型外貌评定技术到分子水平的操作技术，多学科（数学、遗传学、计算机、生物化学）的研究成果都可应用于肉牛育种，完整的育种过程包括选、育、繁、推——现代联合育种技术体系。

第二节　选种选配

一、选种

保持并不断提高肉牛的生产性能是育种工作者的主要任务。遗传育种学知识告诉我们，影响动物生产性能的首要因素是遗传基础，使遗传基础发生定向变异的主要手段是选择。因此，要使动物的生产性能向着人类需要的方向发展，必须对动物的生产性能加以选择。

生物群内存在个体差异和微小的不定变异，变异是生物进化的基础，进化是自然界对微小的不定变异长期作用的结果，选择是建立在有差异的基础之上的，差异是选择的依据。

1. 选择的分类

（1）自然选择。通过自然界的力量完成选择的过程称为自然选择。自然选择的特点是：物竞天择，适者生存。自然选择在生物进化中起主导作用，自然环境条件控制着变异发展的方向，导致适应性状的产生。

自然选择又可分为稳定化选择、定向选择和歧化选择三种类型。

稳定化选择：自然群体长期处在同一环境条件下，大多数个体都能很好地适应这种环境，群体中的个体呈正态分布，处于正态分布两侧的个体适应性较差，选择有利于趋近群体表型均值的个体，使整个群体保持稳定状态。

定向选择：当选择对处于正态分布某一端的个体有利时，选择使群体均值逐渐向该端偏移，发生定向变化。

歧化选择：当选择对正态分布两端的个体有利时，在选择作用下，群体向两极分化，最后形成两个差异很大的群体。

（2）人工选择。指人类按照人为的选育方向，对家养动物特定群体进行的选择。或者说是人类采取一定的措施完成的选择过程。人工选择的目的是为人类提供更多的畜产品。

（3）人工选择与自然选择的差异。人工选择与自然选择有很大的区别。

①自然选择多数是向心选择，所保存的变异对生物的生存有利。人工选择是离心选择，所保存的变异对人类有利。

②自然选择无明确的目的性和预见性。人工选择有很强的目的

性和预见性。

③自然选择过程长、见效慢。人工选择则相反。自然状态下形成一个新物种约需 100 万年，而人工选择进展迅速，经过几个或十几世代的选择就能获得很大的遗传进展，形成一个新品种或品系。

（4）自然选择与人工选择的关系。

①当选择的方向一致时，自然选择能加快人工选择的进程，增强人工选择的效果。

②当选择的方向不一致时，人工选择会受到自然选择的制约或影响。为了获得人工选择的预期效果，对不一致的部分必须通过加强或改善饲养管理条件，以克服自然选择的作用。生产中，高产家畜适应自然环境条件的能力有限，故应该加强对高产家畜品种的营养供应和环境条件控制。

③当人工选择与自然选择作用严重抵触时，人工选择无进展。品种退化的原因就在于此。

2. 选择的实质

选择的实质就是选优去劣，结果是打破了繁殖的随机性，定向地改变了群体的基因频率，打破了群体原有基因的平衡状态（打破了自然状态条件下生物群体的"哈代—温伯格"平衡），改变了生物类型。

选择的过程包括两个方面：

（1）创造或发现变异（方法：人工诱变或杂交）。

（2）选择→积累变异，提高群体理想基因的频率，使理想基因纯合子逐步成为群体的主导类型。

因此，有变异的存在，才有选择的余地，有选择才会有新品种的产生，变异为育种提供素材，变异是育种的基础。

3. 选择的创造性作用

选择是根据家畜的变异和遗传两种特性，通过选择和繁育两种手段来引导变异发展方向的工作。其理论基础是选择具有创造性作用。即选择能积累变异，决定变异的方向，产生新类型个体，最终使畜群结构发生根本改变。其创造性作用主要体现在能育成新品种。

（1）针对特定数量性状的系统选育可能育成新品种，选择的重点为数量性状（经济重要性）。

（2）针对特定质量性状的系统选育也可能育成新品种。

（3）选择有益突变也能培育新品种。

二、选配

选配是指人为确定个体或群体间的交配体制，即有目的地选择公母畜的配对，有意识地组合后代的遗传型，以达到通过培育而获得良种或合理利用良种的目的。选配是对畜群交配的人工干预。

1. 选配的作用

选配是对家畜的交配进行人为控制，使优良个体获得更多的交配机会，使优良基因更好地重组，促进畜群的改良和提高。具体作用有以下5个方面：

（1）创造必要的变异；

（2）把握变异方向；

（3）避免非亲和基因的配对；配子的亲和力主要决定于公母畜配子间的互作效应；

（4）加速基因纯化；

（5）控制近交程度，防止近交衰退。

2. 选种与选配的关系

选种的作用是定向改变畜群各种基因的频率。

选配的作用为有意识地组合后代的遗传基础。

选种的科学性与准确性 $\xrightarrow{\text{直接影响}}$ 育种的成效

选配的合理性与有效性 —直接影响→ 育种的进度

因此，选种是选配的基础，选配是选种的继续，选种与选配相互促进。选配验证选种、巩固选种，选种又可加强选配。

3. 选配的分类（图 3-1）

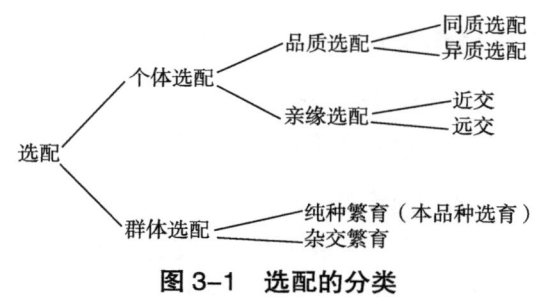

图 3-1　选配的分类

（1）个体选配。以畜群中的个体为单位的选配方法。

①品质选配。又称选型交配，是考虑交配双方品质对比情况的一种选配方式。品质选配又可分为同质选配和异质选配两种类型。

A. 同质选配（选同交配、同型交配、正选型交配）。是以表型相似性为基础的选配方式。就是选用性状相同、性能表现一致或育种值相似的优秀公母畜来配种，以期获得与亲代品质相似的优秀后代。表型相似其实质是基因型相似或相同，交配双方愈相似，就愈有可能将共同的优秀品质遗传给后代。因此，同质选配的主要作用是使亲本的优良性状相对稳定地遗传给后代，使该性状得以保持和巩固，增加后代的同质性。一般在保种或杂交育种的横交固定阶段采用同质选配。

B. 异质选配（选异交配、异型交配、负选型交配）。是以表型不同为基础的选配方式。可分为两种情况：

a. 以综合优点为目的：选择具有不同优异性状的异性个体交配，以期将两个亲本的优异性状结合在一起，后代兼有双亲的优点。其遗传基础是控制双亲优异性状的基因是独立遗传或不完全连锁遗传。

b. 以优改劣为目的：用同一性状优劣程度不同的异性个体交配，

期望后代的性状能得到较大程度的改良，提高群体生产水平。

选配效果：后代表现处于双亲之间，属中间型遗传。

异质选配的作用：综合双亲的优良性状；丰富后代的遗传基础；创造新的生产类型；提高后代的适应性和生活力。

异质选配的缺点：对连锁性状和负相关的性状选配效果不好。因为异型选配的效果多为中间型遗传，其结果是把群体平均一下，并把有关的极端性状回归至平均水平。要想获得理想的选配效果，必须严格选种，遵循性状的遗传规律，同时考虑遗传参数。

②亲缘选配。是指考虑交配双方亲缘关系远近的一种选配方式。

A. 近交（近亲交配）。交配双方有较近的亲缘关系，在畜牧学上是指交配双方到共同祖先的总代数不超过6代的个体间的相互交配，或所生后代的近交系数大于0.78%。

近交衰退现象：由于近交导致生物的繁殖性能、生活力、生产性能、生长速度、适应性等降低，体质衰弱、生长较慢。

近交衰退的防止措施：严格淘汰（选择）；加强管理；血缘更新，引入同品种、同类型的公畜来更新群体的血缘；多留种公畜，合理选配。

B. 远交（远亲交配）。交配双方没有亲缘关系或亲缘关系较远的选配方式。一般交配双方到其共同祖先的总代数在六代以上或所生后代的近交系数小于0.78%者可视为非亲缘选配。其实质是杂交。

（2）种群选配。主要是研究与配个体所隶属的种群特性和配种关系，是根据与配双方是隶属于相同的，还是不同的种群而进行的选配。如：相同品种或品系的个体间交配，或者不同品种或品系个体间交配，由此，形成两种基本形式的类型：即纯种繁育和杂交繁育。

①纯种繁育。简称纯繁，是指在同一种群范围内，通过选种选配、品系繁育、改善培育条件等措施，以提高种群性能的一种方法。

其目的是当一个种群的生产性能基本能满足经济生产需求，不必做大的方向性改变时，使用以保持和发展一个种群的优良特性，增加种群内优良个体的比重，同时，克服种群的某些缺点，达到保持种群纯度和提高种群质量的目的。

作用：巩固种群遗传性（优良品质）；提高种群品质。

②杂交繁育。具有差异的群个体间的交配，即"异种群选配"。这种差异体现在表型、基因型或群体特性三个方面。

作用：开展杂交育种，实现遗传材料的重组，即使基因和性状重新组合，产生新的遗传型；利用杂种优势，杂交后代在生活力、适应性、抗逆性、生产性能方面优于纯种个体的特性。

三、选种选配计划的制订

1. 实施原则

（1）目的明确；

（2）亲和力的筛选；

（3）公畜品质等级高于母畜；

（4）相同缺陷或相反缺陷的个体不能交配；

（5）慎用近交；

（6）注意品质选配（同质选配和异质选配的使用）。

2. 准备和程序

（1）了解畜群和品种的基本情况，如系谱和群体特性；

（2）分析以前的交配方案；

（3）分析与配公母畜的系谱和个体品质。

3. 方法

（1）分析与配双方的优缺点；

（2）绘制畜群系谱图；

（3）分析与配双方间的亲和力。

4. 选配计划（选配方案）的制订

应该包括每头家畜的与配畜号及其品质说明、选配目的、选配原则、亲缘关系、选配方法、预期效果等。

第三节 肉牛杂交改良

品种间的杂交能产生一定的杂交优势。将不同品种的肉牛进行杂交，在后代中获得优于父、母本的优良性能，通过不断优化和固定优秀个体，而产生稳定的、新的肉牛品种，显著提高经济效益。

在我国肉牛杂交改良培育中，基本上都是以地方肉牛品种为母体，以引进肉牛品种为父本，然后进行二元或是三元杂交，获得生长发育快、饲料利用率高、抗病能力强、繁殖性能高的杂交后代，显著提高肉牛养殖的经济效益。

肉牛生产中常见的4种杂交改良方法如下。

一、简单杂交（两品种杂交）

1. 肉用品种与本地黄牛杂交

两个品种牛（两个类型或专门化品系间）之间的杂交，其后代不留作种用，全部作商品牛出售（图3-2）。生产中常见的两品种杂交类型如夏洛莱、安格斯作为杂交父本与本地黄牛杂交，所生杂种一代生长快，成熟早，体格大，适应性强，饲料利用能力和育肥性能好，对饲养管理条件要求较低。目前，我国商品牛生产主要采取这种形式。

2. 兼用品种与本地黄牛杂交

选用肉乳或乳肉兼用品种，如西门塔尔牛等作父本，与本地黄牛杂交，利用其杂交优势，提高生长速度、饲料报酬和牛肉品质。同时，杂交后代公牛用作育肥，母牛用作乳用后备牛，做到了乳肉兼有。

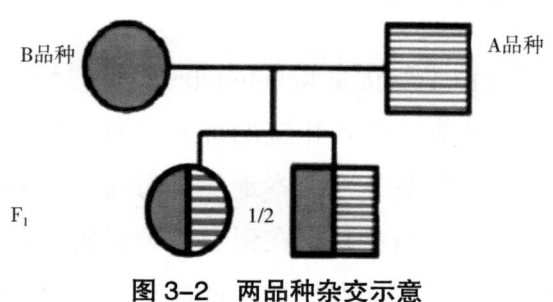

图 3-2　两品种杂交示意

二、三品种杂交

三品种杂交指利用两个品种进行杂交，然后选用 F_1 代杂种母牛与第三个品种公牛进行第二次杂交，最后将三元杂种作为商品牛（图 3-3）。其优点是可以更大限度地利用多个品种的遗传互补、缩短世代间隔、加快改良进度。三元杂交后代具有很高的杂交优势，并能有机结合 3 个品种的优点，在肉牛杂交生产中效果十分显著，是肉牛集约化生产的主要核心技术。

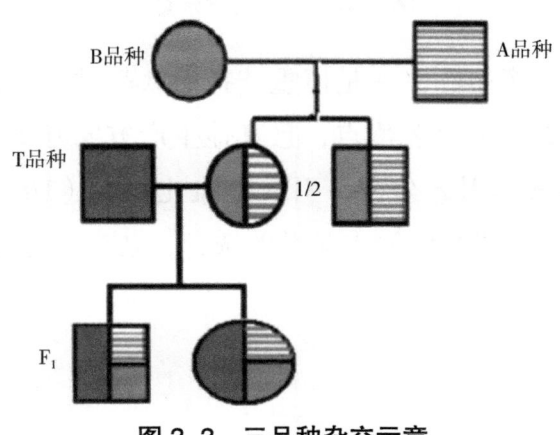

图 3-3　三品种杂交示意

三、引入杂交（导入杂交）

在保留地方品种主要优良特性的同时，针对地方品种的某种缺陷或待提高的生产性能，引入相应的外来优良品种，与当地品种杂交一次，杂交后代公母畜分别与本地品种母畜、公畜进行回交（图3-4）。引入杂交适用范围：一是在保留本地品种全部优良品种的基础上，改正某些缺点。二是需要加强或改善一个品种的生产力，而不需要改变其生产方向。

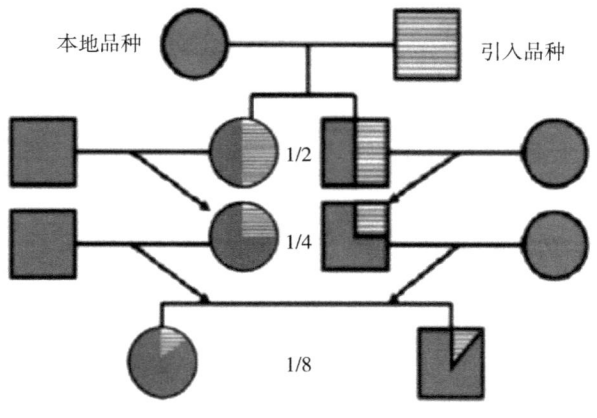

图 3-4　引入杂交示意

引入杂交注意事项：一是慎重选择引入品种。引入品种应具有针对本地品种缺点的显著优点，且其他生产方向基本与本地品种相似；二是严格选择引入公畜，引入外血比例≤（1/8～1/4），最好经过后裔测定；三是加强原来品种的选育，杂交只是提高措施之一，本品种选育才是主体。

四、级进杂交

级进杂交也称吸收杂交或改造杂交,这种杂交方法是引入品种为主、原有品种为辅的一种改良性杂交,当原有品种需要做较大改造或生产方向根本改变时使用。具体方法是杂种后代公畜不参加育种,母畜反复与引入品种杂交,使引入品种基因成分不断增加,原有品种基因成分逐渐减少(图3-5)。级进杂交是提高本地牛品种生产力的一种最普遍、最有效的方法。当某一品种的生产性能不符合人们的生产、生活要求,需要彻底改变其生产性能时,可采用级进杂交。

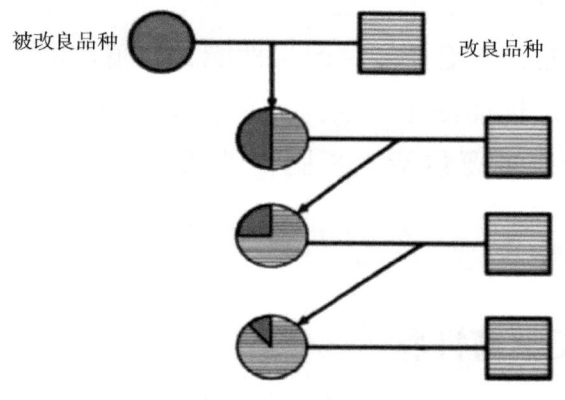

图 3-5 级进杂交示意

级进杂交注意事项:

(1)引入品种的选择,除考虑生产性能高、能满足畜牧业发展需要外,还要特别注意其当地气候、饲养条件的适应性,因为随着级进代数的提高,外来品种基因成分不断增加,适应性的问题会越来越突出。

(2)级进到几代好,没有固定的模式。总的来说,要改正代数越高越好的想法,只要体型外貌、生产性能基本接近用来改造的品种就可以固定了。原有品种基因成分应占有一定的比例,这可有效保留原有品种适应性、抗病力、耐粗性等优点。

(3)级进杂交中,随着杂交代数增加,生产性能不断提高,要求饲养管理水平也要相应提高。

第四节 肉牛生产性能测定

生产性能又叫生产力,是指家畜最经济有效地生产畜产品的能力。家畜的生产性能是个体鉴定的重要内容,也是代表个体品质最有意义的指标,是对种畜进行遗传评估的最基本依据,也是选种过程中决定选留与否的决定因素。家畜的生产性能主要有产肉性能、产乳性能、产毛性能、产蛋性能、繁殖性能、役用性能等;不同类型的生产性能测定时所选用的性能指标是不同的,其中肉牛生产性能测定主要包括生长肥育性状、胴体性状、肉质性状、繁殖性状等。

一、生长肥育性状

生长肥育性状主要包括体重、育肥指数、饲料报酬、体尺性状及外貌评价等。

1. 体重的测定与计算

体重尤其是日增重是测定牛生长发育和肥育效果的重要指标,也是肥育速度的具体体现。断奶重是衡量犊牛生长速度的依据,也是测定母牛泌乳能力和母性的指标。测定体重时,要定期测量各阶段的体重,常测的指标有初生重、断奶重、6月龄重、12月龄重、18月龄重、24月龄重、肥育初始重、肥育末重。称重一般应在早晨饲喂前，空腹称重。

2. 育肥指数的含义及其计算

育肥指数指单位体高所承载的活重，标志着个体的育肥程度或品种育肥的难易程度。数值越大说明育肥程度越好。计算公式为：育肥指数 = 体重（kg）/ 体高（cm）。

3. 饲料报酬定义及计算

饲料报酬是肉牛的重要经济性状和育种指标，是根据饲养期内总增重、净肉重、饲料消耗量所计算的每千克增重和净肉的饲料消耗量。

增重 1 kg 消耗饲料干物质（kg）= 饲养期内消耗饲料干物质总量 / 饲养期内绝对增重量

生产 1 kg 净肉消耗饲料干物质（kg）= 饲养期内消耗饲料干物质总量 / 屠宰后的净肉量

在生产成本中，饲料消耗占比重最大，降低单位增重的饲料消耗量，是肉牛肥育及育种的一项基本任务。

4. 体尺性状及其测量

牛的体尺测量部位如图 3-6 所示。

体高：由鬐甲最高点至地面的垂直距离，用直尺或杖尺测量。

十字部高：十字部垂直到地面的高度，用直尺或杖尺测量。

体斜长：由肩端前缘到坐骨端外缘的直线距离，用软尺测量。

胸围：由肩胛骨后角垂直体轴绕胸一周的周长，用软尺测量。

腹围：背腰垂直围绕通过腹部的围度，用软尺测量。

管围：管骨最细处的周长，一般在左前腿胫骨由下向上 1/3 处测量，用软尺测量。

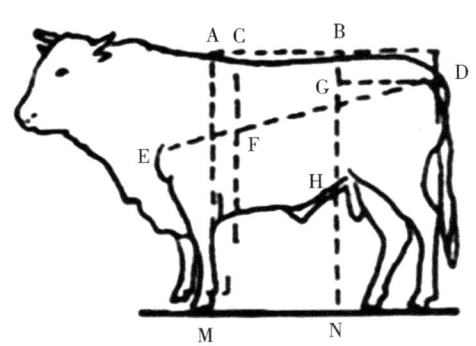

图 3-6 牛的体尺测量部位

注：体高（A-M）、十字部高（B-N）、胸围（C-F-I-C）、腹围（B-G-H-B）、管围（J）。

5. 外貌评价

从整体上看，肉牛的外貌应体躯低垂，皮薄骨细，全身肌肉丰满、浑圆、疏松而匀称。前视、侧视、背视和后视均应呈长方形，其肉牛外貌鉴定评分表详见表3-1，肉牛外貌等级评定表详见表3-2。

前视：由于胸宽而深，鬐甲平广，肋骨十分弯曲，构成前视矩形。

侧视：由于颈短而宽，胸、尻深厚，前胸突出，股后平直，构成侧视矩形。

背视：由于鬐甲宽厚，背腰、尻部广阔，构成背视矩形。

后视：由于尻部平直，两腿深厚，同样也构成后视矩形。

表 3-1 肉牛外貌鉴定评分　　　　　　　　单位：分

部位	鉴定标准	评分 公牛	评分 母牛
整体结构	品种特征明显，结构匀称，体质结实，肉用体型明显，肌肉丰满，皮肤柔软有弹性	25	25
前躯	胸宽深，前胸突出，肩胛宽平、肌肉丰满	15	15
中躯	肋骨张开、背腰宽而平直、中躯呈圆筒形、公牛腹部不下垂	15	15
后躯	尻部长、平、宽，大腿肌肉突出伸延，母牛乳房发育良好	25	25
肢蹄	肢势端正，两肢间距宽，蹄质坚实，运步正常	20	20
合计		100	100

表 3-2　肉牛外貌等级评定　　　　　　　　单位：分

性别	特等	一等	二等	三等
公	85	80	75	70
母	80	75	70	65

二、胴体性状

胴体品质是衡量一头肉牛经济价值的重要指标，其胴体性状方面主要包括胴体重量、胴体形态及屠宰性状等方面。

1. 胴体重量

主要有宰前重、宰后重、胴体重、净肉重、各种器官重等。

（1）宰前重。指屠宰前禁食 24 h 后的体重。

（2）宰后重。屠宰放血以后的体重。

（3）胴体重。放血后除去头、尾、皮、蹄（肢下部分）和内脏所余体躯部分的重量。

胴体重有鲜胴体重和成熟后胴体重之分，鲜胴体重指劈半后 2 d 内称量的胴体重量；成熟后胴体重是指胴体在成熟车间成熟结束后的胴体重量。

（4）净肉重。胴体除去剥离的骨、脂后，所余部分的重量。

（5）消化器官重量。分别称取食道、胃、小肠、大肠、直肠的重量（无内容物）。

（6）其他内脏重。分别称取心、肝、肺、脾、肾、胰、气管、胆囊（带胆汁）、膀胱（空）的质量。

2. 胴体形态

包括胴体长、胴体后腿长、胴体胸深、胴体后腿宽、胴体后腿围、肌肉厚度、皮下脂肪厚度、眼肌面积等。

（1）胴体长。屠宰开边后，从趾骨联合前缘中点至第一颈椎前缘中点的长度。

（2）胴体后腿长。耻骨缝前缘至关节中点的长度。

（3）胴体胸深。自第三胸椎棘突的胴体体表至胸骨下部体表的垂直深度。

（4）胴体后腿宽。去尾的凹陷处内侧至同侧大腿前缘的水平。

（5）胴体后腿围。经髋关节用皮尺围绕一周测量。

（6）肌肉厚度。包括肩、脊、腰、臀等部位肌肉厚度，以丰满肥厚为好。

（7）皮下脂肪厚度。主要包括背脂厚和腰脂厚。背脂厚：第5～6胸椎处脊中线两侧皮下脂肪厚度。腰脂厚：十字部中线两侧皮下脂肪厚度。

（8）背膘厚。指背上皮下脂肪的厚度，是选择瘦肉率的一个间接（辅助）指标。可活体测定，也可屠宰后测定，测定方法有以下三种：

三点平均法：用肩部最厚处（第二、三胸椎间）、胸腰结合处、腰荐结合处三点背膘厚度的平均值来表示。

两点平均法：用胸腰结合处、腰荐结合处两点背膘厚度的平均值来表示。现在用得较多。

一点法：用倒数第三、四肋骨间的背膘厚度表示。

（9）眼肌面积。指第12～13肋间眼肌的横切面积（cm^2）。包括鲜眼肌面积（即新鲜胴体在宰后立即测定）和冻眼肌面积（将样品取下冷冻24 h后，测定第12肋后面的眼肌面积）。测定时特别要注意，横切面要与背线保持垂直，否则要加以校正。

其计算公式为：

眼肌面积＝长×宽×0.7或0.8。

目前，生产实践中可应用超声波活体技术进行背膘厚、眼肌面积和大理石花纹等指标的测定。

3. 屠宰性状

主要包括屠宰率、净肉率、胴体产肉率、肉骨比等。

（1）屠宰率。屠宰率 = 胴体重 / 宰前重 ×100%

（2）净肉率。净肉率 = 净肉重 / 宰前重 ×100%

（3）胴体产肉率。胴体产肉率 = 胴体净肉重 / 胴体重 ×100%

（4）肉骨比。肉骨比 = 胴体净肉重 / 胴体骨骼重

三、肉质性状

肉质性状是一个综合性状，其优劣是通过许多肉质指标来判断等级；常用的指标有 pH 值、肉色、气味、系水力、大理石花纹、滴水损失、蒸煮损失、嫩度、营养成分等。

1. pH 值

是衡量肉质的重要指标。肌肉 pH 值下降的速度和强度对一系列肉质性状产生决定性的影响，屠宰后 45～60 min 内，将 pH 仪探头插入倒数 3～4 肋间背最长肌处测定 pH 值，记为 pH_0。在 0～4 ℃冷却 24 d，测定后腿肌肉的 pH 值，记为 pH_{24}。

2. 肉色

用标准比色板比较评分，是肌肉的生理学、生物化学和微生物学变化的外部表现，人们可以很容易地用视觉加以鉴别。包括亮度、色度、色调 3 个指标，均以专用比色板测定。

3. 气味

具有牛肉的正常气味，无异味。

4. 系水力

宰后肌肉保持水分不向外渗漏的能力，一般以失水率表示。用标准取样器取下一块 2 cm 厚、面积为 5 cm^2 的眼肌肉样，加 35 kg 压力压 5 min 后，计算失水率。

$$失水率 = \frac{压后重}{压前重} \times 100\%$$

5. 大理石花纹

选取第 5 肋至第 7 肋间，或第 11 肋至第 13 肋间背最长肌横切面进行评定，按照大理石花纹等级图谱评定背最长肌横切面处等级。共分 5、4、3、2、1 五个等级。如图 3-7 所示（大理石花纹等级图谱为每级中纹理的最低标准）。

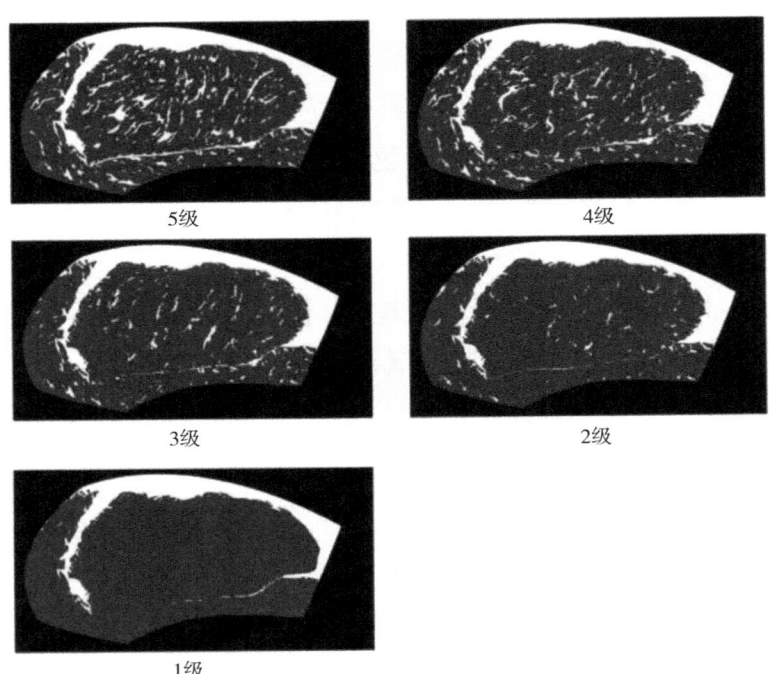

图 3-7 大理石花纹等级图谱

6. 滴水损失（DL，%）

宰后 2 h，取第 12 肋至第 13 肋间处眼肌，剔除眼肌外周的脂肪和筋膜，顺肌纤维走向修成长宽高为 5 cm×3 cm×2 cm 的肉条，称重，记 W_0。用细铁丝钩住肉条的一端，使肌纤维垂直向下，悬挂于食品袋中央（避免肉样与食品袋壁接触）；然后用棉线将食品袋口与吊钩一起扎紧，在 0～4 ℃条件下吊挂 24 h 后，取出肉条并用滤纸轻轻拭去肉样表层汁液后称重，记 W_1。计算公式：DL= $(W_0-W_1)/W_0 \times 100\%$

7. 蒸煮损失

蒸煮损失是指牛肉在特定温度的水浴中加热一定时间后减少的重量。蒸煮损失与系水力紧密相关，对牛肉加工后的产量有很大影响，常用以下公式计算：蒸煮损失 =（煮前肉样重 − 煮后肉样重）/ 煮前肉样重 ×100%

8. 嫩度

嫩度反映了肉的质地，由肌肉中各种蛋白质的结构特性决定，常使用嫩度测定仪测定剪切力值（kg），剪切力值小于 3.0 kg、3.0～4.6 kg 和大于 4.6 kg 的牛肉分别定义为嫩肉、中等嫩肉和韧肉。

四、繁殖性状

繁殖性能即繁殖力，指单位时间内家畜繁殖后代的能力，包括数量和质量。繁殖性状主要包括受胎率、繁殖率、增殖率、初产月龄、初配月龄、产犊间隔、产犊难易、空怀天数、死胎率、首配月龄、首次与末次配种间隔、重复配种次数、妊娠率等。

1. 受胎率与情期受胎率

受胎率反映配种效果，情期受胎率反映一个情期配种的效果，其计算公式如下：

受胎率 = 受胎母畜数 / 参配母畜数 ×100%

情期受胎率 = 情期受胎母畜数 / 参配母畜数 ×100%

2. 繁殖率与成活率

繁殖率是指种群中每一个体平均产生下一代的个体数。有时也用一个个体在单位时间内产生的个体数来表示，用来反映成年母畜产仔情况。成活率反映幼畜育成的效果，繁殖成活率反映年度内总繁殖情况，其计算公式如下：

繁殖率 = 本年度内出生的仔畜数 / 上年度终成年母畜数 ×100%

成活率 = 本年度终成活仔畜数 / 本年度出生仔畜数 ×100%

繁殖成活率 = 本年度终成活仔畜数 / 上年度终成年母畜数 ×100%

3. 增殖率与纯增率

增殖率反映本年度内的增殖情况，纯增率反映畜群在本年度内的增减情况，其计算公式如下：

增殖率 = 本年度内出生到年终还活着的仔畜数 / 本年度初家畜总头数 ×100%

纯增率 =（年终总头数 – 年初总头数）/ 年初总头数 ×100%

4. 产犊难易

产犊难易程度一般用难产度表示，可分为四个等级，即：

（1）顺产。母牛在没有任何外部干涉的情况下自然生产。

（2）助产。人工辅助生产。

（3）引产。用机械等牵拉的情况下生产。

（4）剖宫产。采用手术剖宫产助产。

五、影响家畜生产性能的因素

生产性能主要受年龄、性别、个体大小、利用年限等因素影响。

六、评定家畜生产性能的原则

1. 全面性

兼顾产品的数量、质量和生产效率；照顾家畜一生的生产力。

2. 一致性

同等条件下进行比较、评定，做到公平、合理。

第四章
肉牛母牛繁殖技术

第一节 发情及发情控制

一、发情

1. 概念

发情是指母牛到达初情期后,在激素和神经递质的作用下,卵巢卵泡生长发育并排卵,子宫内膜增生增厚,阴道以及外阴充血肿胀,母牛出现求偶、交配等行为现象的总称,并伴有食欲减退、兴奋不安、来回走动等症状,通常持续时间为 18 h 左右。

2. 发情周期

母牛从上一次发情开始到下一次发情开始所经历的时间间隔称为发情周期。其发情周期为 21 d 左右。根据卵巢、子宫、阴道、外阴以及行为表现的不同,将母牛的发情周期按四分法进行划分。

(1) 发情前期。母牛从黄体退化,卵泡开始发育至发情症状来临之前所经历的时间。此时,雌激素分泌量逐渐增加,孕激素逐渐减少,生殖道上皮逐渐增生,腺体活动增强,黏膜下层组织开始增生、充血,子宫颈和阴道分泌物增加。以开始发情为第 1 d,对于牛来说发情前期为发情周期的第 16~18 d。

(2) 发情期。即发情持续期,指母牛在一个发情周期内,具有明显的发情症状所经历的时间。一般为排卵前 1~2 d。相当于发情周期的第 1~2 d。

(3) 发情后期。发情症状逐渐消失的时期,相当于发情周期第 3~4 d。母牛精神由兴奋状态逐渐转入抑制状态,卵巢上的卵泡破裂、排卵，并开始形成新的黄体，孕激素分泌增加，子宫肌层和腺体活动减弱，黏液分泌量减少，黏液浓度增加，子宫黏膜充血逐渐消失，子宫颈口逐渐收缩、紧闭；阴道表层上皮脱落，外阴肿胀逐渐减轻并消失，从阴道中流出黏液减少并消失。

（4）发情间期。又称休情期，相当于发情周期第 4～15 d。母牛性欲完全停止，精神恢复正常，发情症状完全消失。此时，黄体发育停止、萎缩，孕激素分泌量减少，增厚的子宫内膜回缩，呈矮柱状，腺体变小，分泌活动停止。

3. 发情时母牛的表现

（1）卵巢变化。发情开始前 3～4 d，卵巢卵泡开始生长，并迅速发育，卵泡体积增大，卵泡壁变薄，张力增大。至发情症状消失时，卵泡体积达到最大，并排卵。

（2）内分泌系统变化。发情前 3～4 d，FSH 分泌量开始增加，从发情开始至排卵前，母牛雌激素分泌量增加，排卵时，分泌量急剧下降，排卵后，黄体生成，孕酮含量继续增加。

（3）生殖道变化。发情时，母牛生殖道血管增生，充血，发情后，子宫内膜增生增厚，为妊娠做好准备工作。发情时，子宫腺体增生并分泌大量黏液。发情时，子宫收缩频率增加，幅度减小。

（4）行为变化。发情开始，在卵泡分泌的雌激素和少量孕激素作用下，刺激中枢神经系统，引起性兴奋，母牛兴奋不安、哞叫、食欲减退，喜接近公牛，或举腰拱背，或频繁排尿。出现爬跨其他母牛的行为。

二、发情鉴定

1. 发情鉴定的目的

发情鉴定的目的在于发现发情的母牛,及时配种,提高生产效率。检测指标包括外生殖器、行为、激素、卵巢的变化。其中,前两者容易检测,但准确性较差;后两者不易检测,但准确性高。

2. 常用的母牛发情鉴定的方法

(1)外部观察法。观察者在每天特定时间观察母牛生理变化和行为的方法。包括:牛只精神状态是否兴奋不安,食欲是否减退,外阴部是否肿胀、湿润并有黏液流出,以及黏液的数量、颜色和黏性,排尿是否频繁等。如果母牛相互爬跨,外阴部有较多黏液或后躯粘有黏液的痕迹,基本可以判断其发情。

(2)试情法。利用试情牛(如结扎输精管、手术偏离包皮、雄激素处理的阉雄性等)对发情母牛进行鉴别的方法。

(3)阴道检查法。通过检查发情母牛阴道的湿润程度、黏膜颜色和充血程度而作出鉴定的方法。发情母牛外阴部表现为:红肿、充血,有子宫颈黏液流出;开始量少、透明,之后增多;在盛期特多,透明,且牵缕性强。

(4)直肠检查法。检查者经直肠触摸母牛的卵巢,感觉其卵泡发育情况而作出鉴定的方法。发情母牛卵巢卵泡表现为:卵泡凸出卵巢表面,波动性大,接近排卵时最后有一触即破之势。

(5)涂尾鉴定方法。用刷子将面糊顺毛刷在母牛的尾根部,如果其他牛爬跨过该牛,则尾根毛逆向前方,如果没有接受过爬跨,毛的方向不会变化。

(6)计步器法。计步器是根据母牛的行为学特点,设计的一个根据运动量结合体温变化来判断母牛是否发情的一种设备。对于发情母牛来说，其发情期兴奋不安，运动量增大。但是对于肢体有疾病的以及长期拴系的母牛不适用。

（7）激素测定法。通过对母牛体液（血浆、血清、乳汁、尿液等）中的FSH、LH、雌激素、孕酮等水平的测定，依据发情周期中生殖激素的变化规律，来判断母牛的发情程度。该法可精确测定出激素的含量，如测定母牛血清中孕酮的含量为 0.2～0.48 ng/mL，输精后情期受胎率可达51%，但这种方法需要的仪器和药品试剂较贵，目前尚难普及。

三、人工授精

1. 人工授精的概念和意义

人工授精能提高优良种公畜的配种效能和种用价值，扩大了配种母牛的头数，加速了家畜品种改良；能够降低饲养管理费用，防止生殖道传染病的传播，有利于提高母牛的受胎率；精液都经过品质检查，对于发情鉴定过的牛，可以掌握适宜的配种时机。

2. 人工授精的过程

（1）保定母牛。将接受输精的母牛固定在六柱栏或颈夹内，尾巴固定于一侧。

（2）清洗消毒。用0.1%新洁尔灭溶液清洗消毒外阴部，用酒精棉球擦拭。

（3）输精人员的准备。输精员要身着工作服，指甲需剪短磨光，戴一次性直肠检查手套或手臂洗净擦干后用75%酒精消毒，待完全挥发后再持输精器。

（4）精液解冻。细管冻精解冻后，装入输精器。将输精器推杆向后退 10 cm 左右，放入塑料细管，有棉塞的一端插入输精器推杆上，深约 0.5 cm，将另一端聚乙烯醇封口剪去。固定细管用的游子应随同细管轻轻推至塑料套管的顶端，试推推杆由细管内渗出精液即可进行输精。

（5）输精。一只手伸入直肠内把握住子宫颈，另一手持输精器，先斜上方伸入阴道内进入 5～10 cm 后再水平插入到子宫颈口，两手协同配合，把输精器伸入到子宫颈的 3～5 个皱褶处或子宫体内，慢慢注入精液。

（6）人工授精的时间。根据母牛的排卵时间、精子在母牛生殖道内保持受精能力的时间及精子获能等时间确定的。母牛发情持续期一般短，输精应尽早进行。发现母牛发情后 12 h 左右可进行输精。生产中如果牛早上发情，当日下午或傍晚第一次输精；下午或晚上发情，次日早上进行输精。初配母牛发情持续期稍长，输精过早受胎率不高，通常在发情后 14～20 h 开始输精。

3. 人工授精的优点

（1）精液输入部位深，不易倒流，受胎率高；

（2）母牛刺激无不良反应；

（3）能防止给孕牛误配，造成人为流产；

（4）用具简单，操作安全、方便。整个操作过程要求技术熟练，故此技术需经一定时间的训练才能掌握。

四、诱发发情

在母牛乏情期（如泌乳期生理性乏情，由于卵巢静止或持久黄体造成的病理性乏情）内，借助外源激素或其他方法引起母牛正常发情并排卵的过程。

1. 孕激素埋植法

欲使母牛产后提前配种,可采用提前断奶方法或用孕激素处理1～2周(埋植),并在处理结束时注射孕马血激素800～1 000 IU。

2. GnRH 肌内注射法

用 LRH-A2 200～400 μg 肌内注射,连续1～3次(每日一次)。

3. FSH 肌内注射法

肌内注射100～200 IU 促卵泡激素,每日或隔日一次。每次注射后须作检查,如无效,可连续应用2～3次,直至有发情表现为止。

4. 肌内注射雌激素制剂

肌内注射雌激素制剂,如己烯雌酚(乙酚)20～25 mg 或苯甲酸雌二醇4～10 mg。

5. 肌内注射牛初乳

给母牛皮下注射30～40 mL 的牛初乳可以促使母牛发情。该方法简单易操作,但缺点是容易引起注射局部感染。

6. 0—7—9 方案

在产后60 d 左右注射 GnRH,定为第0 d,在第7 d 注射 PG,间隔56 h,注射第二针 GnRH,间隔16 h 进行人工授精。

第二节　妊娠母牛的生理变化

一、生殖器官的变化

1. 卵巢

妊娠后,卵巢上的黄体成为妊娠黄体,并以最大体积持续存在于整个妊娠期。卵巢上也可能有卵泡发育，但都在发育途中闭锁退化。

2. 子宫

子宫体和子宫角相应扩大。在整个妊娠期内，孕角和空角始终不对称。在妊娠前期，子宫体积增长速度快于胎儿，子宫壁变得较原来肥厚。在妊娠后半期，子宫的增长速度没有胎儿及胎水增长快，子宫壁被动扩张而变薄。妊娠后，子宫血流量增加，血管扩张变粗，尤其是动脉血管内膜皱褶变厚，加之和肌肉层的联系疏松，使原来间隔明显的动脉脉搏变为间隔不明显的颤动，即所谓妊娠脉搏（孕脉）。

3. 乳房

妊娠开始后，在孕酮和雌激素作用下，乳房逐渐变得丰满，特别是到妊娠中后期，这种变化尤为明显。到分娩前几周，乳房显著增大，能挤出少量乳汁。

二、全身状态的变化

1. 营养状况

母牛妊娠后，食欲增加，消化能力提高，毛色变得光润；胎儿、胎水增长，母牛体重增加。妊娠前期，母牛营养状况良好，易上膘。妊娠后期，胎儿急剧生长，母牛要消耗在妊娠前期所积蓄的营养物质以满足胎儿生长发育的需要。此阶段，应加强营养，保障营养物质供给。

2. 腹部

腹部体积随着胎儿逐渐增大，母牛腹内压力升高，内脏器官的容积减小，肺活量变小，呼吸次数增加，并且呼吸方式由胸腹式变为腹式。由于胎儿增大，胎水增加，母牛腹部膨大，且孕侧比空侧凸出；妊娠后期，巨大的子宫压迫后腔血管，使血液循环受阻，常见下腹部和后肢出现水肿。

至妊娠后半期，母牛的行动变得比较稳重、谨慎且易疲劳和出汗。排粪排尿次数增加，而单次量减少。

第三节 妊娠诊断

一、妊娠诊断的意义

母牛配种或输精后，及早进行妊娠诊断，对保胎防流产、减少空怀、提高母牛繁殖率等具有重要意义。

二、早期妊娠诊断的方法

早期妊娠诊断是指母牛配种后1～5个月的怀孕检查，方法主要有外部观察法、直肠检查法和超声波探测法。

1. 外部观察法

通过观察母牛的外部征状进行诊断的方法。母牛妊娠后，发情同时停止，采食量增加，被毛光亮，行动谨慎，怕排挤，易离群。外阴部干燥收缩、紧闭、有皱纹，至后期变为原状态。妊娠后5个月左右可见腹围增大，且向右腹部突出。在饱食或饮水后，可见胎动，能听到胎儿心音。缺点：对少数生理异常的母牛易出现误诊，因此常作为妊娠诊断的辅助方法。

2. 直肠检查法

用手隔着直肠壁触摸卵巢、子宫、子宫动脉的状况及子宫内有无胎儿存在等来进行妊娠诊断的方法。优点：诊断的准确率高，在整个妊娠期均可应用。但在触诊胚泡或胎儿时，动作要轻缓，以免造成流产。

母牛妊娠 18～25 d，子宫角变化不明显，一侧卵巢上有黄体存在。妊娠 30 d，两侧子宫角不对称，孕角比空角略粗大、松软，有波动感，收缩反应不敏感，空角较有弹性。妊娠 45～60 d，子宫角和卵巢垂入腹腔，孕角比空角约大 2 倍，孕角有波动感。用指肚从角尖向角基滑动中，可感到有胎囊由指间掠过，角间沟稍变平坦。

3. 超声波探测法

利用 B 型超声波诊断仪探测胎水、胎儿运动、胎心搏动及心脏和血管中血液的流动等情况来进行妊娠诊断。优点：操作方法简单，准确率高，还可以测定胎儿的死活，能比较早地做出妊娠诊断。此法很有推广意义。

第四节 分娩及产后恢复

一、分娩

1. 分娩的概念

母牛妊娠期满，将发育成熟的胎儿和胎盘从子宫中排出身体的生理过程，称为分娩。根据配种记录和母牛怀孕期推测分娩预期。推测方法是配种月份减 3，配种日数加 10。

2. 分娩过程

（1）分娩征兆。分娩前，母牛会有一系列的身体变化，被称为分娩征兆，主要表现为：

①乳房变化。乳腺发育膨大、质地充实变硬，可从乳头挤出初乳。

②外阴部变化。阴唇柔软、肿胀，皮肤皱褶变平，有充血现象。

③子宫颈变化。由细变粗、松弛变软，子宫颈栓软化成黏液从阴道流出，垂于阴门外呈"索"状。

④骨盆韧带变化。柔软松弛、塌胯，荐椎活动性增强。

⑤行为变化。食欲下降、行动小心谨慎、时起时卧等。

（2）分娩过程。母牛正常分娩的过程可分为开口期、胎儿产出期和胎膜排出期三个阶段。

①开口期。从子宫出现阵缩开始，至子宫颈完全开张为止。在本期内母牛表现阵痛，如神态不安、食欲减退、回头顾腹、徘徊运动、时起时卧、鸣叫、频频举尾，常作排尿姿势，有时可见胎水排出。

②胎儿产出期。从子宫颈口完全开张至胎儿产出体外的阶段。此期母牛前肢创地，而后使胎儿各部分从产道中顺次产出体外。

③胎衣排出期。从胎儿产出到胎膜完全排出体外的阶段。本期内，当母牛产出胎儿后，表现较为安静，在子宫继续阵缩及轻度努责作用下，胎膜逐渐从子宫内排出体外。一般情况，胎膜正常排出的时间为12 d，如果超过，即认为是胎衣不下，需要进行治疗。通常采用子宫收缩的药物。

二、产后母牛生殖系统恢复

1. 概念

产后母牛生殖系统恢复阶段指胎盘排出，母体生殖器官恢复到正常不孕的阶段。此阶段是子宫内膜再生、子宫复原和重新开始发情周期的关键时期。

（1）产后子宫的变化情况。分娩后子宫黏膜表层发生变性、脱落，由新生的黏膜代替曾作为母体胎盘的黏膜。在再生过程中，变性的母体胎盘、白细胞、部分血液及残留胎水、子宫腺分泌物等被排出，最初为红褐色，以后变为黄褐色，最后为无色透明，这种液体叫恶露。恶露排出的时间为 10～12 d。恶露持续时间过长，说明子宫内有病理变化。

母牛子宫阜表面上皮在产后 12～14 d 通过周围组织的增殖开始再生，一般在产后 30 d 内才全部完成。

（2）子宫复原。指胎儿、胎盘排出后，子宫恢复到未孕时的大小。正常母牛子宫复原时间为 30～45 d。主要是胶原的溶解和吸收。

2. 发情周期的恢复

母牛卵巢上的黄体在分娩后才被吸收，因此产后第一次发情较晚。若产后哺乳或增加挤奶次数，发情周期的恢复就更长。一般产犊后卵泡发育及排卵常发生于前次未孕角一侧的卵巢。

第五节　母牛常见的生殖疾病

一、卵泡萎缩及交替发育卵泡

卵泡萎缩及交替发育都是因为卵泡不能正常发育成熟、排卵，常见于体质衰弱及长期饲养在寒冷地区的黄牛，可能与气候、温度等因素有关。长期在寒冷地区饲养的黄牛，牛舍温度低，保温条件差，气温变化大，饲料原料单一，营养成分不足，牛只运动不够等都可能引起卵泡发育障碍。随着气温的变化，饲养管理的改善，运动的增加可使其卵巢恢复正常功能。也可用促卵泡生成素（FSH）、绒毛膜促性腺激素（HCG）和孕马血清促性腺激素（PMSG）治疗。

二、持久黄体

母牛一个或数个妊娠黄体或周期黄体超过正常时限而仍继续保持功能者，称为持久黄体。持久黄体同样可以分泌孕酮，抑制卵泡发育，使发情周期停止，因而引起不育。多数是继发于某些子宫疾病，如子宫积脓、子宫积液、胎儿死亡未被排出、产后子宫复旧不全、部分胎衣滞留及子宫肿瘤等疾病，原发性的持久黄体比较少见。治疗采用前列腺素及其类似物溶解黄体。

三、卵巢囊肿

卵巢囊肿可分为卵泡囊肿和黄体囊肿。

1. 卵泡囊肿

卵泡囊肿主要是由于促黄体生成素（LH）分泌不足，使卵泡过度发育，不能正常排卵而形成大的囊泡，或卵巢不断产生新的卵泡而形成多个小囊肿。母牛发情症状强烈，精神高度不安、哞叫、拒食、追逐和爬跨其他母牛，形成"慕雄狂"。由于不能排卵，所以发情持续期长。如持续时间过久，由于卵泡壁变性，不再产生雌激素，母牛即不表现发情症状。治疗注射促黄体素释放激素 A2（LRH-A2）或促黄体素释放激素 A3（LRH-A3）。

2. 黄体囊肿

黄体囊肿分为两种情况，一是成熟的卵泡未能排卵，卵泡壁上皮黄体化形成的，称为黄体化囊肿。二是排卵后由于某些黄体化不足，在黄体内形成空腔，腔内聚积液体而形成黄体囊肿。这种情况下，会产生大量孕酮，抑制促性腺激素分泌，致使卵巢中无卵泡发育，母牛不发情。直肠检查时，黄体囊肿大，壁厚而软。但临床上往往将成熟卵泡、卵泡囊肿及黄体囊肿相混淆。

3. 治疗

（1）肌内注射 FSH 6～7.5 mg

（2）肌内注射氯前列烯醇 0.3～0.6 mg。

四、子宫内膜炎

最常见的不孕是由于子宫黏膜发生炎症而引起的。子宫黏膜发生炎症的主要原因是人工授精、分娩、助产时操作不慎或消毒不严，使子宫受到损伤或感染。也继发于胎衣不下、子宫弛缓、子宫颈炎、阴道炎等。本交时，公牛生殖器官的炎症也能传给母牛而发生子宫内膜炎。常见有隐性、黏液性、黏液性脓性、脓性四种。可根据回流液的性状作诊断。

给予全价饲料，增强抵抗力，促进子宫机能恢复可起到预防子宫内膜炎作用。治疗有局部疗法和子宫内直接用药两种方法，注意事项有以下几点：

（1）用无刺激性溶液冲洗子宫，根据回流液的性状，结合实验室确诊，确诊炎症的性质。

（2）先冲洗后给药，对于黏液性脓性或脓性子宫内膜炎，或子宫积液（脓），先冲洗干净后，再给药。

（3）可使用如雌激素、前列腺素类似物等子宫兴奋剂。

（4）洗涤液和洗涤器械一定要彻底消毒，防止再次感染。

第六节　提高肉牛繁殖力的措施

在保证正常繁殖力的前提下，采用先进的繁殖技术和措施，争取达到或接近最大可能的繁殖潜力。具体措施如下。

一、加强选种选育

繁殖力受遗传因素影响很大，不同品种和不同个体的繁殖性能也有差异。除了要选择繁殖力高的母牛做种畜，每年还要做好牛群的更新，有计划地淘汰老、弱、病、残母牛，提高适繁母牛的比例。

二、做好发情鉴定和适时配种发情鉴定

做好发情鉴定和适时配种发情鉴定是掌握适时配种的前提，也是提高繁殖力的重要环节。只有做好发情鉴定，才能确定适宜的配种时间，防止误配和漏配，才能提高受配率和受胎率。

三、遵守操作规程

（1）繁殖新技术的推广应用，可将母牛繁殖力的作用发挥到最大。

（2）推广早期妊娠诊断技术，可防止失配空怀。

（3）推广人工授精和冷冻精液技术，可大大提高优良种公牛的繁殖效能。

（4）推广胚胎移植技术，可大大提高优良母牛的利用率，充分

发挥母牛的繁殖潜力。

（5）合理应用生殖激素，可以诱发母牛发情，提高母牛的排卵率及恢复正常繁殖机能。

四、减少胚胎死亡和防止流产

减少胚胎死亡和防止流产是影响产犊数和繁殖力的一个很重要因素。通常情况下，有10%～15%的母牛发生配种失败，随着妊娠的进程，母牛早期胚胎死亡率很高，为20%～40%，因此，减少胚胎死亡和防止流产是提高繁殖力的一个有效手段。

第七节 诱导双胎

一、概述

在牛的生产中，产双胎往往导致异性孪生不育的现象，但在肉牛的生产中，可以让母牛产双胎，从而提高肉牛的生产力。影响牛妊娠双胎的因素很多，主要有遗传因素、品种、产奶量、胎次、营养、季节等。在自然状态下的双胎率较低，一般不超过2%，但近年来，根据配种员反馈，肉牛的双胎率有增加的趋势。目前，可以用于母牛双胎生产的技术包括长期遗传选择、胚胎移植、激素处理、刺吸卵泡等。

二、双犊研究现状

对于奶牛的多胎已有大量的研究报道，研究者对双胎的利弊有着明显的分歧,目前大多认为,多胎妊娠对奶牛的生产有不利影响,如果没有配套的饲养管理,产双犊将可导致其流产、难产、胎盘滞留、子宫内膜炎、延长产犊间隔、提高母牛的淘汰率等。而对犊牛的影响主要表现为异性孪生母犊不育即所谓的自由马丁(Free matinism)现象,双胎犊牛的分娩成活率稍低,母牛分娩难产时,单胎和双胎犊牛出生成活率分别为95%和75%;顺产时,分别为99%和92%,但产后,单胎和双胎之间的存活率无差异。

然而,肉牛的双胎可提高饲养的经济效益,故其双胎已被普遍接受。尽管在围产期双胎也有较高的死亡率,但最后双胎的分娩可得到1.87头活的犊牛,相比于单胎平均0.97头活的犊牛,从养殖的经济效益,尤其是育肥的角度来说,双胎的生产是极其有利的。所以应该从双犊的营养、管理、助产等方面真正解决双胎中存在的不利因素,将其转化为有利因素,让双胎生产真正带来实际效益。

三、影响双胎产生的因素

牛的双胎可分为同卵双胎和异卵双胎,同卵双胎的概率较小,仅占双胎比例的2%～10%。波兰的一些统计显示,牛的双胎出生率在1%～4%,三胎出生率仅占0.02%,这些因牛的品种、胎次和环境条件不同而各异。尽管双胎的遗传率和重复率很低(分别为0.08与0.09),但大多双胎遗传选育时,可以仍选用具有双胎史的母牛,以便提高双胎的选育概率。通过选择产双犊概率较大的母牛,可以在不使用外源激素的情况下提高青年牛的双排卵概率。通过选育技术可以提高双胎率,但品种选育周期长、工作量大,故通过遗传选择来提高双胎率的方法,在生产实际中还存在难度。

四、诱导双犊的方法

牛本身是单胎动物,其双胎或多胎的出生频率较低。通过激素处理、胚胎移植或长期的遗传选择等方法可提高双胎的出生率。常见的诱导双胎的方法有以下几种。

1. 激素诱导法

激素诱导法是通过各种外源激素的处理,使牛卵巢上发育的卵泡波中产生共优势卵泡,并使其排卵受精,最终达到生产双犊的目的。常用 FSH 对青年肉牛诱导双犊:在处理开始的第 0 d,所有牛埋植孕激素制剂(CIDR),并注射 4 mg 苯甲酸雌二醇(EB)和 50 mg 孕酮(P4)。(FSH 的总用量为 22 IU,在 4.5 d 开始,每间隔 12 h 注射 FSH,共注射 4 次。注射剂量依次是 5 IU/ 头,5 IU/ 头,4 IU/ 头,4 IU/ 头)。在处理的 6.5～7.5 d 内,连续 3 次注射 0.2 mg/ 次的 EB。同时,在第 7 d 和 7.5 d,注射 2 次 PG(25 mg,25 mg),在第 8 d,撤掉 CIDR,并注射 1.5 mg EB,并在撤栓后的 36 h 内进行人工授精(AI),同时注射 2 mg LH。

2. 抑制素及基因免疫法

抑制素是哺乳动物 FSH 分泌的主要负反馈调节因子,可与 FSH 和 P4 等共同调节卵泡的生长发育。抑制素和 FSH 间负反馈作用因品种不同而存在一定的差异。抑制素基因免疫是将编码抑制素抗原蛋白的外源基因,以重组表达载体的形式转化入动物体内,使目的基因通过宿主细胞的转录系统合成抗原蛋白,诱导宿主免疫系统产生抗体以中和体内抑制素,导致体内 FSH 的含量升高,使牛卵泡波上形成共优势卵泡,提高其繁殖率。

3. 机械刺吸卵泡法

机械刺吸卵泡法是指借助 B 超仪,刺吸(排卵后 4～6 d)

5 mm 的所有卵泡，相当于去除 FSH 的抑制因子，使 FSH 分泌量增多，从而提高诱发产生共优势卵泡（≥10 mm）的概率，最终达到生产双胎的目的。由于卵泡的刺吸需要较高的专业技能和昂贵的仪器设备，故在生产中难以推广。

4. 机械刺吸结合激素法

机械刺吸结合激素法是在机械刺吸卵泡前或后，结合激素诱导双排卵的方法。在肉牛上，如排卵后的 6.4 d，前列腺素 F（PGF）处理后的 1.5 d 刺吸所有 ≥5 mm 的卵泡则会有 54% 的双排卵率。

5. 胚胎移植法

目前，利用胚胎移植诱导双犊产生的方法有 3 种：冷配加移植法、双胚移植法和双半胚移植法。

（1）冷配加移植法。冷配加移植法是指受体牛在人工授精后的第 7 d，经直肠检查黄体，对黄体合格的受体牛排卵对侧的子宫角内移入一枚胚胎，使受体牛产双胎的方法。这种方法不但充分地利用了受体资源，技术也较易掌握。但此技术在奶牛上会出现异性孪生不育现象，降低了部分胚胎移植后代的利用价值。

（2）双胚移植法。双胚移植是指在受体牛具有黄体侧的子宫角内移植 2 枚胚胎，从而达到牛产双胎的目的；在实践生产中，一般在鲜胚移植时，将 1 枚 A 级胚胎与 B 或 C 级胚胎搭配移植，在保证至少有一枚胚胎受胎的情况下，提高 B 级、C 级胚胎利用率的同时增加双胎率，以加快良种牛后代的繁殖。

（3）双半胚移植法。双半胚移植是指将发育良好的第 6～7 d 胚胎分割成大小相似的两个半胚后，同时移入受体牛黄体侧的子宫角深部，使其妊娠产双胎的方法。由于同卵双半胚之间不存在自由马丁的现象，且胚胎分割后两个半胚移植产双犊成功率较高而受到研究者的青睐，但该技术要求分割仪器精密，操作水平高，使得相关成本较高，故较难推广应用。

第五章

肉牛常用饲草料及加工调制技术

第一节 青绿饲料

青绿饲料指天然水分含量60%及其以上的青绿多汁饲料。包括：草地牧草、田间杂草、栽培牧草、树枝嫩叶、菜叶类，以及非淀粉质的块根、块茎类及瓜果类（如饲用甜菜、胡萝卜、马铃薯等）。青绿饲料因水分含量大，能量较低，俗称易吃个"水饱"；青绿饲料含较多草酸，具有轻泻作用，影响钙的吸收；叶菜类含较多的硝酸盐，贮存不当时易变成亚硝酸盐，饲喂过量会引起中毒。因此在饲喂此类青绿饲料时应注意与能量饲料、蛋白饲料搭配使用。青绿饲料补饲量不要超过日粮干物质的20%。

一、营养特性

青绿饲料新鲜茎叶在自然状态下水分含量高（70%～95%），富含叶绿素、粗蛋白质和各种维生素，胡萝卜素尤为丰富；在青饲季节，牛体内可贮存大量胡萝卜素及维生素A，供枯草期消耗；含丰富的钙、钾等元素，尤其是豆科牧草中，钙的含量更为丰富，且钙、磷比例适宜，所以以青绿饲料作为主要饲料的牛一般不会出现缺钙现象；粗纤维含量低，木质素少，无氮浸出物较高；青绿饲料幼嫩多汁，适口性好，具有刺激消化腺分泌的作用，并且其消化率高，可提高日粮的利用率。但青绿饲料水分含量高，能量相对较低。

二、常见青绿饲料

1. 天然牧草

天然牧草主要指草地牧草及田间杂草,一般认为田间杂草质量较佳,河滩、池塘边的青草质量次之,干旱半干旱荒地的青草品质较差。野杂草在农区也是重要的饲料资源,是肉牛蛋白质、维生素和钙的重要来源。

利用天然牧草应注意以下问题:天然牧草木质化快,在抽穗、开花前后利用较为适宜,结籽后的野草,粗纤维含量增高,适口性差,营养价值大减;注重均衡供应,延长青饲时间,放牧时最好实行分区轮牧;使用田间杂草,必须注意其是否在近期使用过农药,以免误食而导致中毒;春季青草数量少,应优先供给怀孕母牛和幼牛,饲喂时要逐渐增加饲喂量。

2. 栽培牧草

通常栽培的牧草有紫花苜蓿、草木樨、斜茎黄芪(沙打旺)、苏丹草、冬牧70黑麦、燕麦等。

3. 青刈饲料作物

目前广泛使用的青刈饲料作物有青刈玉米、甜高粱等,其产量较高。

4. 其他叶菜类饲料

其他叶菜类饲料种类较多如萝卜叶、甜菜叶等枝叶饲料,榆、杨、柳、桑、槐等枝叶,水生饲料等。

第二节 青贮饲料

青贮饲料是以新鲜的青刈饲料作物、牧草、各种蔓藤等为原料，铡短切碎后装填压实于青贮窖、池（壕）内，在厌氧环境下，通过微生物发酵而成具有醇香气味、适口性好、营养丰富的饲料。青贮饲料是养牛业最主要的饲料来源，在各种粗饲料加工方式中营养物质保存率最高（可以保存83%的营养），粗硬的秸秆在青贮过程中还可以被软化，增加适口性，提高消化率。青贮饲料在密封状态下可以长年保存，制作简便，成本低廉。

一、营养特性

青贮饲料基本上保持了青绿饲料原有的特点，其粗蛋白质主要由非蛋白氮组成，且酰胺和氨基酸的比例较高，大部分淀粉和糖类可被分解为乳酸，粗纤维质地变软，胡萝卜素含量丰富，醇香可口，且具有轻泻作用。

二、常见青贮饲料

青贮原料很多，凡是无毒的青绿植物均可调制成青贮饲料。

1. 禾本科作物

（1）玉米青贮。

①玉米秸秆青贮。收获棒穗后的玉米能保留1/2的绿色叶片，应立即青贮。若部分秸秆发黄，3/4的叶片干枯视为青黄秸秆，制作时，视其秸秆水分散失程度，每100 kg秸秆需补加水5～35 kg。

②全株玉米青贮。即青刈带穗玉米青贮，指在玉米乳熟后期收制，将玉米秸秆茎叶与果穗整株切碎进行青贮。

（2）高粱青贮。高粱植株高3 m左右，茎秆内含糖量高，特别是甜高粱，可调制成优良的青贮饲料，适口性好。一般在蜡熟期收割。

此外，苏丹草、大麦、无芒雀麦等均是优质青贮原料。收割期约在抽穗期。禾本科作物由于含有2%以上的可溶性糖和淀粉，青贮制作容易成功。

2. 豆科作物

苜蓿、红豆草、豌蚕豆等通常在初花期收割。因其含粗蛋白质含量高，糖分含量低，在制作高水分青贮时应与含可溶性糖、淀粉多的饲料混合青贮。例如，与玉米、高粱秸秆混贮；与糠麸混贮；与甜菜、马铃薯混贮；或者经晾晒水分低于55%时进行半干青贮。

3. 蔬菜饲料

胡萝卜缨、白菜、莲花菜、马铃薯秧、南瓜秧以及野菜料等，因含水量高、糖分低不易青贮。通常经晾晒，水分降至55%以下进行半干青贮或者与含糖高、水分低的其他饲料混贮。

4. 块根、块茎青贮

萝卜、饲用甜菜、马铃薯等块根、块茎，含有大量的淀粉，如与干草粉混贮，效果较好。

三、合理利用

在饲喂时，青贮饲料可以全部代替青饲料，但应与碳水化合物含量丰富的饲料搭配使用，以提高瘤胃微生物对氮素的利用率。牛对青贮饲料有一个适应过程，饲喂时用量应由少到多逐渐增加，日喂量15～20 kg。禁用霉烂变质的青贮饲料喂牛。

第三节 粗饲料

干物质中粗纤维含量在18%以上的饲料均属粗饲料,包括青干草、秸秆、秕壳和部分树叶等。

一、营养特性

粗饲料中粗纤维含量高,可达25%～50%,并含有较多的木质素,难以消化,消化率一般为6%～45%;秸秆及秕壳类饲料中的无氮浸出物主要是半纤维素和多缩戊糖的可溶部分,消化率很低,如花生壳无氮浸出物的消化率仅为12%;粗蛋白质含量低且差异大,为3%～19%;维生素D含量丰富,其他维生素含量低;优质青干草含有较多的胡萝卜素,秸秆和秕壳类饲料几乎不含胡萝卜素;矿物质中钙较丰富,含磷很少。

二、常见的粗饲料

1. 干草

干草是青绿饲料在尚未结籽以前刈割,经过自然日晒或人工干燥而制成的,能较好地保留青绿饲料的养分和绿色状态。干草作为一种贮备形式,可调节青饲料供应季节性不均衡问题,是肉牛最基本、最重要饲料。制作干草的原料有禾本科牧草、豆科牧草、天然牧草等。要注意发霉腐烂、含有毒植物的干草不可掺入饲喂。

优质干草叶多、适口性好,蛋白质含量较高,胡萝卜素、维生素D、维生素E及矿物质含量丰富。禾本科干草粗蛋白质含量为7%～13%，豆科干草为10%～21%；干草粗纤维含量高，所含能量值为玉米的30%～50%。

2. 秸秆

农作物收获籽实后的茎秆、叶片等统称为秸秆。秸秆中粗纤维含量高，可达30%～45%，其中木质素含量较高，一般为6%～12%；可发酵氮源和过瘤胃蛋白质含量过低，有的秸秆中含量几乎等于零；同时，缺乏必需微量元素和维生素（除维生素D外），不适合单独饲喂。

（1）玉米秸。刚收获的玉米秸，营养价值较高，但随着贮存期延长（风吹、日晒、雨淋），营养物质损失较大。一般玉米秸粗蛋白质含量为5%，粗纤维为25%，牛对其粗纤维的消化率为65%左右；同一株玉米秸的营养价值，上部比下部高，叶片比茎秆高。不同品种玉米秸秆营养价值不同。玉米穗苞叶和玉米芯营养价值较低。

（2）麦秸。包括小麦秸、大麦秸、燕麦秸等。小麦秸在麦秸中数量最多，春小麦饲用价值优于冬小麦。小麦秸饲用价值低于大麦秸，燕麦秸的饲用价值最高。总之，麦秸的营养价值较低，其木质素含量很高，含能量低，消化率低，适口性差，是质量较差的粗饲料。该类饲料饲喂肉牛时应经过适当的氨化和碱化处理。

（3）稻草营养价值低于玉米秸、谷草类，优于小麦秸，是我国稻类地区草食家畜的主要粗饲料来源。牛对稻草的消化率为50%左右，经氨化和碱化处理后可显著提高其消化率。

（4）糜谷草。在禾本科秸秆中，糜谷草品质最好。质地柔软、叶片多，适口性好。在北方黄土高原丘陵地区，糜谷草为牛羊的优质饲料。

（5）豆秸。指豆科秸秆，由于大豆秸木质素含量高达20%～23%，质地坚硬，但与禾本科秸秆相比，粗蛋白质含量和消化率较高。在豆秸中蚕豆秸和豌豆秸质地较软，品质较好。由于豆秸质地坚硬，应粉碎后饲喂。

3. 秕壳

指作物籽实脱离时分离出的荚皮、外壳等，营养价值略高于同一作物的秸秆，但稻壳和花生壳质量较差。

（1）豆荚。含粗蛋白质5%～10%，无氮浸出物42%～50%，适于喂牛。大豆皮（大豆加工中分离出的种皮），营养成分约为粗纤维38%、粗蛋白质12%、净能7.49 MJ/kg，对于反刍家畜来说其营养价值相当于玉米等谷物。

（2）谷类皮壳。包括小麦壳、大麦壳、高粱壳、稻壳、谷壳等。营养价值低于豆荚。

（3）棉籽壳。含粗蛋白质为4.0%～4.3%，粗纤维41%～50%，消化能8.66 MJ/kg，无氮浸出物34%～43%。棉籽壳虽然含棉酚0.01%，但对牛影响不大。喂小牛时最好喂1周更换其他粗饲料1周，以防棉酚中毒。

第四节 能量饲料

能量饲料为干物质中粗纤维含量在18%以下，粗蛋白质含量在20%以下，消化能在10.46 MJ/kg以上的饲料，是肉牛能量的主要来源。主要包括谷实类及其加工副产品（糠麸类）、薯粉类和糖蜜等。

一、谷实类饲料

谷实类饲料大多是禾本科植物成熟的种子，包括玉米、小麦、大麦、高粱、燕麦和稻谷等。其主要特点是可利用能值高，适口性好，消化率高；粗蛋白质含量低，一般在10%左右，难以满足肉牛蛋白质需要；矿物质含量不平衡，钙低磷高，钙、磷比例不当；维生素含量不平衡。一般含 B 族维生素、烟酸和维生素 E 丰富，维生素 A、维生素 D 含量低，不能满足生长需要。

1. 玉米

玉米被称为"饲料之王"，其特点是可利用能量高，亚油酸含量较高，蛋白质含量低（9%左右）。黄玉米中叶黄素含量丰富，平均为 22 mg/kg。钙、磷均少，且比例不合适，是一种养分不平衡的高能饲料。玉米用量可占肉牛混合料的 60% 左右。高油玉米油含量比普通玉米高 1.0～1.4 倍，蛋白质、氨基酸和胡萝卜素等也高于普通玉米，饲喂效果好。

2. 小麦

与玉米相比，小麦能量较低，粗脂肪含量 1.8%，蛋白质含量 12.1% 以上，必需氨基酸含量也较高。所含 B 族维生素及维生素 E 较多，维生素 A、维生素 D、维生素 C、维生素 K 则较少。小麦的过瘤胃淀粉较玉米、高粱低，肉牛饲料中的用量以不超过 50% 为宜，并以粗粉碎和压片效果较佳，不能整粒饲喂或粉得过细碎饲喂。

3. 大麦

一般带壳大麦为"草大麦"，不带壳大麦为"裸大麦"。带壳的大麦，即通常所说的大麦，代谢能水平较低，适口性好，粗纤维含量 5% 左右；蛋白质含量高于玉米，约 10.8%；维生素含量一般偏低，不含胡萝卜素。裸大麦代谢能水平高于草大麦，蛋白质含量高，喂前最好压扁或粗粉碎。

4. 高粱

高粱能量仅次于玉米，蛋白质含量略高于玉米。高粱在瘤胃中的降解率低，但因含有单宁，适口性差，并且喂牛易引起便秘。用量一般不超过日粮的 20%，若与玉米配合使用效果增强，可提高饲料的利用率，喂前最好压碎。

5. 燕麦

燕麦总的营养价值低于玉米，但蛋白质含量较高约11%；粗纤维含量较高10%~13%，能量较低；富含B族维生素，脂溶性维生素和矿物质较少，但磷多钙少，喂前适当粉碎。

二、糠麸类饲料

谷实类作物的加工副产品主要包括小麦麸皮和稻糠以及其他糠麸。其特点是纤维含量少，热能低于玉米，粗蛋白质含量38%左右，无氮浸出物含量（40%~62%）较少，其他各种养分均较其原料含量高；有效能值低，为谷实类饲料的一半。含磷多钙少，含丰富的B族维生素，但胡萝卜素及维生素E含量较少。

1. 麸皮

麸皮营养价值因麦类品种和出粉率的高低而不同。粗纤维含量较高，属于低能饲料。麸皮质地松软，适口性好，具有轻泻作用，母牛产后喂以适量的麦麸粥，可调养消化道机能。

2. 米糠

米糠为去壳稻粒（糙米）制成精米时分离出的副产品，由果皮、种皮、糊粉层及胚组成。米糠的有效营养成分变化较大，随含壳量的增加而降低。粗脂肪含量较高，易在微生物及酶的作用下发生酸败霉变，肉牛用量可达20%，脱脂米糠用量可达30%。

3. 其他糠麸

其他糠麸主要包括玉米糠、高粱糠和小米糠。其中以小米糠的营养价值最高。高粱糠的消化能和代谢能较高，但含有单宁，适口性差，易引起便秘，应限量使用。

三、薯粉类饲料

主要包括马铃薯、红薯等。按干物质中的营养价值考虑，属于能量饲料。马铃薯含干物质18%～26%，干物质中80%为淀粉，易消化，但缺乏钙、磷和胡萝卜素。每日每头牛最高喂量20 kg，与蛋白质饲料、谷实饲料混喂效果较好。

四、糖蜜、甜菜渣

1. 糖蜜

糖蜜又称糖浆，是指制糖原料压榨出的汁液，经加热等工序后，所剩下的浓稠液体，俗称废糖蜜。按原料不同，可分为甜菜糖蜜、甘蔗糖蜜、柑橘糖蜜及淀粉糖蜜，其主要成分为糖类，蛋白质含量较低，矿物质含量较高，维生素含量低，水分含量高，能值低，具有轻泻的作用。肉牛用量宜占日粮的10%～20%。

2. 甜菜渣

甜菜渣是指甜菜制糖压榨后的残渣。新鲜甜菜渣含水量为70%～80%。其干燥品中无氮浸出物含量高，可达56.5%，而粗蛋白质和粗脂肪含量少。鲜甜菜渣适口性好，易消化，对泌乳母牛有催乳的作用。用来喂牛可代替50%左右的青贮饲料，并节约部分精饲料。肉牛每天的喂量为20～40 kg。干甜菜渣饲喂肉牛占日粮精饲料的50%时，可得到与饲喂大麦等谷物饲料相同的育肥效果。但注意饲喂前先用水浸泡5～6 h，以免因吸水膨胀，影响正常的消化。甜菜渣不仅可以鲜喂、干喂，也可以进一步加工利用，如制作成甜菜渣青贮饲料、甜菜颗粒粕和固态发酵等，可提高其利用率。

第五节 蛋白质饲料

蛋白质饲料指干物质中粗纤维含量在18%以下，粗蛋白质含量为20%以上的饲料。主要包括植物性蛋白质饲料、单细胞蛋白质饲料、非蛋白氮饲料等。

一、植物性蛋白质饲料

1. 饼粕类饲料

压榨法制油的副产品称为饼，溶剂浸提法制油后的副产品称为粕。

（1）大豆饼（粕）。优质的蛋白质饲料原料，其粗蛋白质含量为38%～47%，且品质较好，赖氨酸含量2.4%～2.8%，是棉仁饼、菜籽饼、花生饼的2倍左右，但蛋氨酸不足。

（2）棉籽饼（粕）。由于棉籽脱壳程度及制油方法不同，营养价值差异很大。粗蛋白质含量16%～44%，粗纤维含量10%～20%，精氨酸含量高，而赖氨酸只有大豆饼（粕）的一半，蛋氨酸也不足。棉籽饼中含有游离棉酚，长期大量饲喂会引起中毒。牛如果摄取过多（日喂8 kg以上）或食用时间过长，会导致中毒。犊牛日粮中一般不超过20%，种公牛日粮中不超过30%。

（3）胡麻饼（粕）。胡麻籽脱油后的加工副产品，粗蛋白质含量与棉籽饼粕、菜籽饼粕相似，一般为32%～34%。其氨基酸组成不佳，赖氨酸和蛋氨酸含量较低，分别为1.12%和0.45%，但精氨酸含量高，可高达3.0%左右，适口性好。由于其含有黏性胶质（亚麻籽胶），具有润肠通便的效果，可当作抗便秘剂。

（4）菜籽饼（粕）。油菜籽榨油后得到的副产品，是一种良好的蛋白质饲料，其粗蛋白质的含量为36%（饼）～38%（粕），蛋氨酸含量约0.7%，赖氨酸含量2.0%～2.5%，钙和磷的含量均高，其中硒含量1.0 mg/kg。有效能值较低，适口性较差，由于含有硫葡萄糖苷、芥酸等有毒物质，使得菜籽饼（粕）受到了一定的限制。肉牛精饲料中使用5%～20%对其生长、胴体品质均无不良影响。但要限量并与其他饼粕搭配使用。

（5）葵花（仁）饼粕。葵花又名向日葵，其营养价值主要取决于脱壳程度，完全脱壳的葵花仁饼粕营养价值较高，其粗蛋白质含量可达42%（饼）～46%（粕）。我国的葵花饼粕粗蛋白质含量较低，一般为28%～32%，视其脱壳程度而定。其氨基酸组成特点为赖氨酸含量不足，为1.1%～1.2%，低于棉仁饼粕，更低于大豆饼粕；但蛋氨酸含量较高，为0.6%～0.7%，高于大豆饼粕、棉仁饼粕。葵花饼粕对反刍家畜适口性好，在增重、饲料效率等方面与棉籽饼粕有同等的营养价值。

2. 其他食品工业副产品

（1）玉米蛋白粉。又名玉米面筋粉，是玉米淀粉厂的主要副产品之一。因加工方法和条件不同，粗蛋白质的含量为25%～60%。蛋氨酸含量较高，而赖氨酸和色氨酸严重不足。粗纤维含量低，易消化，胡萝卜素含量高，代谢能水平接近玉米，属高能量饲料。玉米蛋白粉是常用的非降解蛋白补充料，但不及饲喂豆粕的效果好，生产中应与其他体积大的饲料搭配使用。

（2）玉米麸皮料。又名玉米蛋白饲料，是含有玉米纤维质外皮、玉米浸渍液固化物、玉米胚芽饼粕和玉米蛋白粉的混合物。混合的比例因加工条件等不同，一般为40%～60%的纤维质外皮，15%～25%的玉米蛋白粉以及25%～40%的玉米浸渍液固化物；粗蛋白质含量10.6%～23.5%；无氮浸出物含量46.5%～62.8%；粗纤维含量一般在11%以下，属于能量和蛋白质饲料之间的过渡型饲料。

（3）豆腐渣、酱油渣、粉渣。多为豆科籽实类加工副产品，干物质中粗蛋白质含量在20%以上，粗纤维较高。鲜豆腐渣、酱油渣及粉渣是肉牛良好的多汁饲料，但不宜单喂，最好和其他蛋白质饲料、维生素类等配合饲喂。这类饲料水分含量高，一般存放时间不宜过长，否则极易被霉菌及腐败菌污染变质。

（4）白酒糟、啤酒糟。其营养价值高低因原料的种类不同而异。通常生产每100 kg酒产生37.5 kg左右的酒糟。好的粮食酒糟和大麦啤酒糟要比薯类酒糟营养价值高2倍左右。酒糟含有19%～30%的蛋白质、粗脂肪和丰富的B族维生素。酒糟中含有一些残留的酒精，妊娠母牛不宜多喂，用量5%～7%。各种酒糟的营养成分见表5-1。

表5-1　各种酒糟的成分　　　　　单位：%

类别	干物质	粗蛋白质	粗脂肪	无氮浸出物	粗纤维	粗灰分
玉米白酒糟	100	19.25	8.94	46.36	17.44	8.00
高粱白酒糟	100	17.23	7.86	44.01	19.43	11.45
大麦白酒糟	100	20.51	10.50	40.81	19.59	8.80
啤酒糟	91.70	22.20	7.90	42.50	14.90	4.60

（5）酒精糟。用发酵法生产乙醇时，可得到作为副产品的酒精糟。通常根据原料进行分类，如玉米酒精糟、糖蜜酒精糟、甘薯酒精糟等。一般酒精的发酵原料主要是玉米，在蒸馏废液中，固形部分占5%～7%，经干燥处理后称作酒精副产品，即酒精糟，又分为：

①干酒精糟（DDG）。干酒精糟是只对蒸馏废液的固形部分进行干燥的产品。

②可溶干酒精糟（DDS）。可溶干酒精糟是对除掉固形部分的残

液加以浓缩、干燥的产品。

③干酒精糟液（DDGS）。干酒精糟液是将 DDG 和 DDS 混合起来的产品。各种酒精糟的成分见表 5-2。

表 5-2 各种酒精糟的成分　　　　　　　　　单位：%

类别	水分	粗蛋白质	粗脂肪	无氮浸出物	粗纤维	粗灰分
玉米 DDG	8.0	27.1	9.3	41.0	12.0	2.6
玉米 DDS	7.0	26.9	9.1	45.0	4.0	8.0
玉米 DDGS	10.0	28.9	12.8	32.0	11.8	4.5

二、单细胞蛋白质饲料

单细胞蛋白质饲料主要包括酵母、真菌及藻类，以饲料酵母最具有代表性。饲料酵母含蛋白质高（40%～60%），生物学价值较高，脂肪低，粗纤维和灰分含量取决于酵母来源。B 族维生素含量丰富，矿物质中钙含量低而磷、钾含量高。酵母用量一般为 2%～5%。市场上销售的"饲料酵母"大多数是固态发酵生产的，应称为"含酵母饲料"，这种产品中酵母菌体蛋白含量很低，使用时应与饲料酵母加以区别。

三、非蛋白氮饲料

非蛋白氮（NPN）指供饲料用的尿素、缩二脲、铵盐及其他合成的简单含氮化合物。其作用是供给瘤胃微生物合成蛋白质所需的氮源，从而起到补充蛋白质营养的作用。生产中最常用的是尿素 $[CO(NH_2)_2]$。尿素为白色晶体，易溶于水，吸湿性强。商品尿素一般含氮量为 46% 左右，折算为粗蛋白质则每千克尿素相当于 2.88 kg 粗蛋白质。按含氮量计，1 kg 含氮为 46% 的尿素相当于 6.8 kg 含粗蛋白质 42% 的豆饼。尿素饲喂不当会引起致命性的中毒，因此使用尿素时应注意：

（1）一般推荐以不超过日粮总氮量的 1/3 为原则，即尿素可占日粮干物质的 1% 或混合精饲料的 1.5%～2.0%；或按每 100 kg 体重加 15～20 g，应逐渐增加，并有 2 周以上的适应期。且不能时用时停，以免影响瘤胃微生物的平衡。

（2）尿素不宜单喂，应与淀粉多的精饲料混匀一起饲喂，也可调制成尿素溶液喷洒或浸泡粗饲料，或调制成尿素青贮饲料、氨化饲料饲喂，或制作成尿素颗粒料、尿素精饲料砖等使用。

（3）适用于饲喂 6 月龄以上肉牛。因为 6 月龄以下的犊牛瘤胃尚未发育完全。

（4）禁止将尿素溶于水中饮用。喂尿素料 1 h 后再给牛饮水。

（5）不可与生大豆或含脲酶高的大豆粕同时使用，否则因尿素分解会使含氮量降低，并且影响适口性。

为了降低尿素在瘤胃中的分解速度，防止尿素中毒，研制出如糖蜜尿素复合舔砖、高蛋白当量尿素颗粒饲料、糊化淀粉尿素、脲酶抑制剂、包被尿素及尿素与其他分子形成分子间化合物，如磷酸脲（又名"牛羊壮"）等新型非蛋白氮饲料。

第六节　秸秆类饲料加工调制

秸秆类粗饲料虽然营养价值很低，但在我国资源丰富，如果采取适当的补饲措施，如补饲尿素、淀粉类精饲料、过瘤胃蛋白质、矿物质及青饲料等，并结合适当的加工处理，如氨化、碱化及生物处理等，能提高牛对秸秆的消化利用率。常见的秸秆种类主要有玉米秸秆、稻草秸秆、麦草秸秆和谷草秸秆。

一、营养价值特点

1. 玉米秸秆

刚收获的玉米秸秆营养价值高，但随着贮存期延长，营养物质损失较大。成熟期的玉米秸秆干物质含量约为80%，干物质状态下粗蛋白质含量为3%~6%，粗纤维含量为35%，肉牛维持净能为2.27 MJ/kg，肉牛增重净能为1.46 MJ/kg。

2. 稻草秸秆

稻草是我国南方地区的主要粗饲料来源，干物质含量约为91%，干物质状态下粗蛋白质含量2.6%~3.2%，粗纤维21%~33%，能值低于玉米秸、谷草，优于小麦秸；灰分含量高，但主要是不可利用的硅酸盐，钙、磷含量均低。水稻秸秆的纤维素含量35%~45%、半纤维素含量10%~15%、木质素含量30%左右。肉牛维持净能为1.97 MJ/kg，肉牛增重净能0.96 MJ/kg。

3. 麦草秸秆

麦草秸秆营养价值低于玉米秸秆。其中，木质素含量很高，可利用能量低，消化率低，适口性差，是质量较差的粗饲料。麦草秸秆干物质含量86%~91%，干物质状态下粗蛋白质3%~4%，粗纤维为43%，肉牛维持净能为1.99 MJ/kg，肉牛增重净能为0.97 MJ/kg。麦草秸秆纤维素含量40%~50%，半纤维素20%~30%，木质素10%~20%。小麦秸蛋白质含量低于大麦秸，春小麦秸比冬小麦秸好，燕麦秸的饲用价值较高。

4. 谷草秸秆

谷草秸秆质地柔软，营养价值较麦秸、稻草高，特别适宜饲喂肉牛。青贮或晒制青干草，用于冬春补饲，脱粒后的秸秆质地柔软、厚实，适口性好。在谷类作物秸秆中，总消化养分仅次于燕麦秸秆，有重要的饲用价值。谷子收获期的全株鲜草，每千克含可消化粗蛋白质 10 g，总能量 3.68 MJ，总消化能 2.34 MJ，总代谢能 1.93 MJ。

二、加工调制技术

1. 干燥处理技术

通过田间晾晒、自然风干或借助热风机、干燥机等设备加速秸秆干燥。

（1）制作方法。牧草刈割后原地平铺干燥 4～6 h，使其水分含量达到 40%～50% 时，用农具翻动牧草或搂成草垄继续干燥。当牧草含水量降到 35%～40%，牧草叶片尚未脱落时堆垛打捆，此时秸秆营养价值最大，再经 2～3 d 可完全干燥。

（2）贮存要求。调制好的秸秆应及时贮藏，数量较多时可选择通风干燥且不易积水的地方露天堆放，有条件时将秸秆晾晒成小捆，捆扎好以后，垛好，上要封顶，以防止漏雨；数量不大时，一般多采取室内堆放的方法，或垛于草棚内以防止日晒雨淋。严禁秸秆运到居住区贮存或者集中村边成片存放，必须远离村庄，与村庄或居民区距离保持 500 m 以上，并远离高压线、加油站，避免对国家、集体和群众的利益造成损害。

秸秆的贮藏方法是否合理对秸秆品质影响很大，若秸秆含水量较多，堆垛时营养物质发生分解和破坏，严重时会引起秸秆发酵。发热、发霉而使秸秆变质，染有不良气味，营养价值会大大降低，所以应注意堆垛技术。

2. 秸秆微贮技术

秸秆中加入高效活性菌种，放入密闭容器中，经一定的发酵过程使部分纤维素分解，并具有酸、香气味的饲料。秸秆微贮的粗纤维消化率可提高 20%～40%，肉牛采食量显著提高。

（1）特点。解决四季营养物质供给平衡问题，对秸秆木质素的降解效果明显，瘤胃代谢消化优，营养价值高，而且适口性好。

（2）制作方法。

①菌种复活。秸秆发酵活干菌每袋3 g，可处理稻草、麦秸、玉米秸秆1 000 kg。先将1袋菌种（3 g）与200 mL清水混合均匀，充分溶解。最好先在水中加入白糖20 g，可以提高菌种复活率。常温下静止1～2 h使菌种复活。复活好的菌种一定要当天用完，不可隔夜。

②菌液配制。将复活好的菌种倒入1%食盐溶液中拌匀，用量见表5-3。

表5-3　菌液配制用量

种类	重量/kg	活干菌/g	食盐/kg	水/L	微贮料含水量/%
稻、麦秸秆	1 000	3.0	12	1 200	60～65
玉米秸秆	1 000	3.0	8	800	60～65

③切短。将秸秆切短呈3～5 cm，便于压实，排除空气，提高微贮窖池的利用率。

④装填。窖四周铺塑料膜，窖底部铺垫一层（20～30 cm）切碎的软草或细软秸秆，均匀喷洒菌液水，压实后再铺20～30 cm秸秆，直至高出窖池40～50 cm。装填过程中随时检查秸秆含水量，层与层之间不要出现夹层。检查方法是取秸秆用力攥，指缝间有水但不滴下时，水分为60%～70%，较为理想。

⑤压实与密封。装填期间不断用履带式拖拉机或其他机械压实，窖装满后，上面用较厚的聚乙烯塑料膜覆盖，在塑料膜上用土或废轮胎等重物在塑料薄膜外部压紧。要特别注意四周铺平踩实，防止漏水、漏气，尽量排出原料内的空气，尽可能地创造厌氧环境。

⑥取用。微贮发酵温度10～40 ℃，封窖后20～30 d即可完

成。优质微贮稻（麦）秸呈金黄色，青玉米呈橄榄绿色。具有醇香、果香气味。取料时要从一角开始，从上至下逐渐取用，每次用量应当天用完为宜，并将窖口封严。

第七节 青贮饲料加工调制

青贮饲料是肉牛的理想饲料，是日粮不可缺少的部分。青贮饲料是将新鲜青绿饲料切短，装入青贮容器内，迅速压实密封，隔绝空气，经微生物发酵制成的一种具有特殊气味，营养丰富，耐贮藏的多汁饲料。主要有全株玉米青贮、半干水分青贮、苜蓿青贮、柠条青贮，其中以全株玉米青贮较多。

一、青贮饲料对畜牧业生产的意义

1. 青贮饲料营养损失较少

饲料青贮过程中，营养物质损失一般不超过15%，尤其是粗蛋白质和胡萝卜素的损失很少，优良青贮条件和方法下，甚至效果更佳。与干玉米秸相比青贮粗蛋白质含量更高，粗脂肪高4倍，而粗纤维素低7.5个百分点（表5-4）。

表5-4 玉米青贮饲料和风干玉米秸的营养成分比较　　　　单位：%

成分名称	粗蛋白质	粗脂肪	粗纤维	无氮浸出物	粗灰分
干玉米秸	3.94	0.90	37.60	48.09	9.46
玉米青贮饲料	8.19	4.60	30.13	47.30	9.74

2. 青贮饲料适口性好，消化率高

牧草及饲料作物经过青贮后可以很好地保持青绿饲料的鲜嫩汁液，质地柔软，并且产生大量的乳酸和少部分醋酸，具有酸甜清香味，从而提高了家畜的适口性。青贮饲料的能量、蛋白质、粗纤维消化率与同类干草相比均高。并且青贮饲料干物质中的可消化粗蛋白质、可消化总养分和消化能也较高。

3. 扩大饲料来源，有利于养殖业集约化经营

玉米秸、高粱秸、向日葵茎叶和葵花盘等农作物秸秆都是良好的饲料来源。但是它们质地粗硬，利用率低，如果能适时抢收并进行青贮，则可成为柔软多汁的青贮饲料。菊科中的一些植物和马铃薯茎叶等晒成干草后有异味，家畜不喜食，经青贮发酵后，却成为家畜良好的饲料。另外，畜禽不喜欢采食或不能采食的野草、野菜、树叶等无毒青绿植物，经过青贮发酵，也可以变成畜禽喜食的饲料。还有块根块茎类，如甘薯和胡萝卜等，只要青贮方法正确，就可以保存很长时间，不会霉烂或发芽变质。

青贮饲料单位容积贮量大，便于大量贮存，是一种既经济又安全的贮存方法。青贮饲料所占空间比干草小得多，1 m³ 青贮饲料的重量为 450～700 kg，其中含干物质 150 kg。

4. 调制青贮饲料不受气候等环境条件的影响，并可以长期保存利用

在调制青贮饲料的过程中，不受风吹、日晒和雨淋等不利气候因素的影响，也不怕鼠害和火灾等。在阴雨季节或天气不好，难于调制干草时，只要按青贮规程的要求进行操作，仍可以制成良好的青贮饲料。青贮饲料不仅可以常年利用，保存条件好的还可贮存利用多年。在青贮方法正确，原料优良，存贮窖位置合适，不漏气、不漏水，管理严格的情况下，青贮饲料可贮存 20～30 年，其优良品质保持不变。

5. 家畜饲喂青贮饲料，可减少消化系统和寄生虫病发生，减轻杂草危害

很多病虫害危害过的牧草与饲料作物原料，进行青贮发酵后，由于青贮窖里缺乏氧气，并且酸度较高，使寄生虫及其虫卵或病菌失去生活力，故可减少家畜寄生虫病和消化道疾病的发生。许多杂草的种子，经过青贮后便失去发芽的能力，如将杂草及时青贮，不仅给家畜储备了饲草，而且减少了农田杂草的危害。

二、青贮条件

1. 适当的含糖量

有足够数量的可溶性糖，使乳酸菌产生足够数量的乳酸，若原料中可溶性糖分很少，即使其他条件具备，也不能制成优质青贮饲料。一般禾本科饲料作物和牧草含糖量高，容易青贮（主要有玉米、高粱、禾本科牧草等）；豆科饲料作物和牧草含糖量低，不易青贮（主要有苜蓿、马铃薯茎叶等），只有与其他易于青贮的原料混贮，或添加富含碳水化合物的饲料，或加酸青贮才能成功。

2. 适宜的含水量

青贮原料含有适量的水分，是保证乳酸菌正常活动的重要条件。适宜含水量为65%～75%。

3. 厌氧环境

青贮饲料中只要有氧存在，且pH不发生急剧变化，植物呼吸酶就有活性。当产生的热足以引起青贮作物的温度达到适宜高度时，青贮作物中的水溶性碳水化合物就会被氧化为二氧化碳和水。为了给乳酸菌创造良好的厌氧生长繁殖条件，需做到原料切短、装实压紧，青贮窖密封良好。

三、主要青贮种类及青贮方法

1. 全株玉米青贮

（1）青贮窖准备。对青贮窖进行修补整理，清理干净，窖底可铺一层 10～15 cm 切短的秸秆等软草，以便吸收青贮汁液。窖壁四周铺衬塑料薄膜，以加强密封和防止漏水渗水。

（2）适时刈割。刈割宁早勿迟，一般在玉米乳熟后期或蜡熟期刈割。

（3）切短。原料的切短和压裂是促进青贮发酵的重要措施，用机械将原料切短到 2～3 cm，且玉米秸破秸率 75% 以上。

（4）水分调节。水分控制在 65%～75%，此时花须开始蔫、苞叶开始黄、掐动不出水，籽实乳线 1/2，约比正常收获期提前 10～15 d。

（5）装填压实。装填时应边切边填，逐层装入，时间不能延长。速度要快。尤其是靠近壁和角的地方不能留有空隙，压不到的边角可人力踩压。一般小型窖当天完成，大型窖 2～3 d 内完成。压实要注意不要带进泥土、金属等污染物。

（6）密封与管理。当原料填装到高出窖口 50 cm 以上时，覆膜盖严，窖顶呈馒头状以利于排水，窖四周挖排水沟。小型青贮池覆膜后再覆土 20～30 cm 封窖；大型青贮池覆膜后，覆压轮胎等重物封窖。密封后，尚需经常检查，发现裂缝和空隙时用湿土抹好，以保证高度密封。

2. 半干青贮

半干青贮又叫低水分青贮，其含水量在 45%～60%。半干青贮将难青贮的一些蛋白质含量高、糖含量低的豆科牧草和饲料作物进行青贮。半干青贮的调制方法与普通青贮基本相同，区别在于牧草收割后，需平铺在地面上，田间晾晒 1～2 d，水分含量达到 45%～55% 时装贮，贮藏过程、取用过程中保证密封。

（1）原料刈割。将原料刈割后不立即铡碎，而是要在田间晾晒至半干状态。如苜蓿青草当晾晒至叶片卷缩为筒状，小枝变软而不易折断时，其水分含量为 50% 左右。

（2）晾晒。半干青贮之所以能安全贮存，主要是靠提高渗透压的作用，而增加渗透压又是通过晾晒完成的。根据半干青贮的特点，要迅速风干原料，使牧草茎秆内的水分含量尽快降至45%～50%，晾晒时间越短越好，最好控制在24～36 h。

（3）运回、切碎。对于55%以下的低水分青贮来说，因此切短的目的是提高密度排除空气而不是促进发酵。所以原料的含水量越低，应切得越短。将晾晒的牧草由田间运回，铡成2 cm左右的碎段后入窖。

（4）装填。原料的装填要遵循快速而压实的原则，分层装填原料，分层镇压，压得越实越好，特别要注意靠近墙和角的地方不能留有空隙。装填时间尽量缩短，小型窖应在1 d内完成。如果使用目前较先进的袋式青贮、特殊灌装设备和塑料拉伸膜青贮袋，不用压实。

（5）密封和覆盖。青贮饲料装满压实后，需及时密封和覆盖，抑制好气性微生物的发酵。具体做法：装填镇压完毕后，在上面盖聚乙烯薄膜，薄膜上盖沙土5 cm厚即可。在使用全密封的大塑料膜容器或塑料袋青贮时，装完原料封严后，可由备用抽气孔将空气排出。

3. 苜蓿青贮

苜蓿青贮是通过半干萎蔫处理，使苜蓿含水量降至50%左右，从而提高苜蓿原料的干物质含量，造成微生物的生理干燥及厌氧状态而抑制酪酸发酵，同时促进乳酸发酵而形成优质苜蓿青贮饲料。

（1）特点。苜蓿通过青贮技术进行加工调制，可保存大量的水溶性碳水化合物，蛋白质被水解产生的非蛋白质化合物较少，饲喂反刍家畜的价值较高。半干青贮能减少高水分青贮所造成的植物渗出液损失，从而较多地保存原料的养分。而且半干青贮苜蓿含水量低，发酵程度较弱，酸味很淡，所以在适口性和营养价值方面比干草和鲜贮苜蓿更接近青草。

苜蓿青贮与调制青干草相比，具有三大优点：一是能做到在最佳收获期进行适时、集中收获，最大限度地减少牧草养分和水分损失，提高饲草产量和品质；二是加工调制操作方法简便、成本低、易贮存、占地空间小，（包膜青贮）便于运输使用和商业化生产，可以保证青绿饲料的常年供应；三是苜蓿青贮鲜嫩多汁，消化率高，适口性好，对肉牛养殖具有很好的增产增收效果。

（2）青贮技术。苜蓿青贮的加工调制方法主要包括半干青贮（窖贮），打捆包膜青贮。

①苜蓿半干青贮制作。根据青贮池制作青贮饲料的程序，以苜蓿为原料，按照"适时收获→适当晾晒（调节含水量）→搂集→切碎（加入添加剂）→装入青贮窖（池）→压实→密封"的工艺流程，通过添加乳酸菌、纤维素酶制剂和有机酸等饲草调制添加剂加工调制优质苜蓿半干青贮。

A. 原料刈割。苜蓿第一次刈割从初花期提前至现蕾期进行，随后的刈割时期，则根据天气、动力和劳力等情况，在现蕾至初花期（20%开花）进行刈割。

B. 水分调节。刈割后进行晾晒（在天气晴好的情况下，一般在灌区种植的苜蓿晾晒 12～24 h，干旱地区晾晒 8～12 h，晾晒至叶片发蔫不卷即可，防止暴晒），当水分调节到 45%～55% 时，将原料及时运送到青贮制作地点。

C. 切短。用铡草机将苜蓿原料切短成长度 2～5 cm。

D. 填装。大约每装填 50 cm 摊平，农用机械压实（特别要注意靠近窖壁和拐角的地方），并在上面均匀喷洒青贮饲料乳酸菌添加剂。具体使用方法见表 5-5（按产品使用说明添加）。

表 5-5 苜蓿青贮调制添加剂使用方法

名称	用量	使用方法
乳酸菌	每 1 000 kg 苜蓿需 2.5 g 乳酸菌活菌	将 2.5 g 乳酸菌溶于 10% 的 200 mL 白糖溶液中配制成复活菌液，再用 80～100 kg 的水稀释后，均匀喷洒在原料上
有机酸	每 1 000 kg 苜蓿添加 2～4 kg 有机酸	直接喷洒在原料上
饲料酶	每 1 000 kg 苜蓿添加 0.1 kg 青贮专用饲料酶	用 10 kg 麸皮、玉米面等稀释后，再与原料均匀混合

　　E. 压实与密封。装填至高出池（窖）面 20～30 cm，上铺塑料薄膜覆盖废旧轮胎密封。

　　F. 管理。窖口防止雨水流入及空气进入。在青贮池（窖）四周应有排水沟或排水坡度。

　　②打捆包膜青贮制作。采用专用饲草打捆机和包膜机，将苜蓿按照"适时收获→适当晾晒（调节含水量）→搂集→切碎（加入添加剂）打捆→包膜→堆放"的工艺流程，通过添加乳酸菌、纤维素酶制剂和有机酸等饲草调制添加剂，加工调制优质苜蓿包膜青贮。包膜青贮的适时收获晾晒、搂集及切碎的要求与半干苜蓿青贮（窖贮）相同。

　　A. 打捆。将切碎的原料装入专用饲草打捆机中进行打捆（每捆重量在 50～60 kg）。使用添加剂时，在打捆前将添加剂与切碎的原料混合均匀后进行打捆。

　　B. 包膜。打捆结束后，从打捆机中取出草捆，将草捆平稳放到包膜机上，然后启动包膜机用专用拉伸膜进行包裹，设定包膜机的包膜圈数以 22～25 圈为宜（保证包膜 2 层以上）。

　　C. 贮存。包膜完成后，从包膜机上搬下已经制作完成的包膜草捆，整齐地堆放在远离火源、鼠害少、避光、牲畜触及不到的地方。

堆放不应超过3层。搬运时不应扎通、磨破包膜，以免漏气。在堆放过程中如发现有包膜破损，应及时用胶布粘贴防止漏气。

（3）取用。密封发酵45 d后即可开窖使用。开窖时，从窖的一端沿横截面开启。从上到下切取，按照每天需要量随用随取，取后立即遮严取料面，防止暴晒。优质的苜蓿青贮饲料为暗绿色，具有水果香味，味淡不酸。包膜青贮一般经过50～60 d后即可开启使用。包膜青贮取喂时将外面包裹的塑料膜拆开（可沿包裹方向拆开，最好不要剪断，缠好后可旧物利用），剪开里面的网或绳，取出青贮饲料即可，取喂量应按照家畜饲养量以当天喂完为宜。苜蓿青贮的饲喂青贮苜蓿应与其他饲草搭配。

4. 柠条青贮

柠条青贮的制作可采用生物处理方法，所谓生物处理柠条制作饲料技术是运用现代生物工程原理，将柠条人为造就一个厌氧的环境，利用微生物经过一系列酵解反应，将柠条中的粗纤维、木质素、粗脂肪转化为畜禽喜吃的饲料。青贮技术就是通过对柠条饲料贮于窖、缸、塔、池及塑料袋中压实密封贮藏，使其在缺氧条件下自然利用乳酸菌厌氧发酵，产生乳酸，使贮藏窖内的pH降到4.0左右，此时大部分微生物停止繁殖，而乳酸菌由于乳酸的不断积累，最后被自身产生的乳酸所控制而停止生长，既可以保护饲料的营养物质不受损失，又可使饲料保持青鲜多汁的特点，并具有酸香味，牲畜比较爱吃，贮存时间较长。既可供常年喂养牲畜使用，又利于柠条过腹还田和生态农业的良性循环。青贮柠条干物质的营养价值比单纯柠条草粉高，且适口性更好，消化率高达73%以上，特别适喂草食家畜。

（1）柠条青贮技术。柠条青贮技术流程：建立青贮池→柠条收获→机械切碎→装池→洒水和掺入青贮添加剂→压实→封盖塑料膜压土密封→发酵40～50 d→喂养牲畜。

①青贮设施的准备。

A. 地址的选择。青贮饲料质量的优劣固然与青贮原料种类、收获期等多种因素有密切关系。青贮设施的好坏则是直接影响青贮饲料质量的决定因素。青贮设施所在地应选在地势高燥，排水容易，地下水位低，土质黏重，无砂石、砖、瓦，距水源和粪坑较远，取用方便、靠近饲养场所的地方。良好的青贮设施必须满足以下要求。

密封性良好：无论采用哪种青贮设施，都要求有良好的密封性能。多汁的青贮原料经切碎后如果贮存在密封性能良好的青贮设施内，外界空气不易进入，就缩短了青贮原料的呼吸过程，为厌氧性乳酸菌的繁殖，创造了良好条件。也加速了乳酸菌的发酵过程，避免青贮原料中原有营养成分的损失。

结构坚固、合理：青贮设施内的原料经机械压实后，每立方米重达 600～800 kg，对青贮设施的地基和侧壁会产生较大压力，常使青贮设施倒塌。因此，保持青贮设施结构坚固、合理是建造青贮设施至关重要的问题。必须按有关建筑技术规范要求进行设计和施工。青贮设施的结构需按一定比例设计，如青贮塔的宽、深比应保持在 1:（1.5～2）。青贮塔的高度一般不得小于直径的 2 倍，但也不能大于直径的 3.5 倍。内壁平整光滑，底部应有汁液沉积池。保持青贮设施内壁光滑，以减少青贮原料与窖壁的摩擦力，便于压实，从而减少青贮原料内残余空气含量，缩短原料好气性发酵过程。内壁平整光滑，还可减少残存在内壁的有害菌及污物，避免青贮原料腐烂变质。青贮原料在青贮过程中，会有酸性汁液渗出，对青贮设施产生腐蚀。故在设计青贮设施时，底部要留盛积液的沟槽，或将底面建成弧形，以便将渗出的汁液汇集在一起，减少对青贮饲料的污染。

B. 类型的选择。通常采用的青贮设施有青贮窖、青贮壕、青贮塔和地面堆贮等，塑料青贮应存放在取用方便的僻静地方。青贮设施的建设和准备可就地就势按标准营造。根据饲养牲畜多少和青贮饲料量确定青贮设施的类型和大小。大型养殖场一般用青贮壕青贮，小型养殖场可采用地面堆贮或袋装青贮，农户采用青贮池和窖袋这两种青贮容器为好。

青贮窖：青贮窖的形状可分为圆形、沟形、马蹄形，在北方多采用地下式长方形或圆形青贮窖，一般先用砖石或石块铺砌窖底或窖壁，再在表面涂抹水泥，建成永久性的青贮窖，窖深 $3\sim 4$ m，上大下小，底部呈弧形，容积为 $10\sim 30$ m^3。

青贮塔：用砖和水泥建成的圆形塔。高 $12\sim 14$ m，直径 $3.5\sim 6.0$ m。在一侧每隔 2 m 留 0.6 m×0.6 m 的窗口，以便装取饲料。有条件的地方用不锈钢、硬质塑料或水泥筑成永久性大型塔，坚固耐用，密封性好。塔内装满饲料后，发酵过程中受饲料自重的挤压而有汁液沉向塔底，为排出汁液，底部要有排液装置。塔顶呼吸装置可使塔内气体在膨胀和收缩时保持常压。

塑料袋青贮：可选用宽 $80\sim 100$ cm、厚 $0.8\sim 1.0$ mm 的塑料薄膜，以压热法制成约 200 cm 长的袋子，装填原料一般不超过 150 kg，以便于运输和饲喂。原料含水量应控制在 60%左右，以免造成袋内积水。此法优点是省工、投资少、操作方便和存放地点灵活，且养分损失少，还可以商品化生产。

C.青贮窖容量的计算。应根据原料的含水量与切碎程度，先掌握单位体积（m^3）青贮饲料的重量（如玉米秸在含水量少的情况下，切得越细每立方米的重量越重，切得越粗每立方米的重量越重，然后乘以窖的容积，即得出窖内青贮饲料的重量。

D.青贮设施的处理。青贮设施应内部表面光滑平坦，要池壁砌砖，水泥造底，使青贮饲料摊布均匀，不留间隙。四周不透气、不漏水、密封性好。每立方米容积，可装青贮饲料 $500\sim 600$ kg。使用时一般用塑料薄膜铺底、衬护四周、封顶，减少青贮饲料的损失，堆放场地打扫干净，可铺上一层塑料布，防止混入更多泥土。

原料调制入窖前1周左右，必须对窖进行一次严格的检查、整修和消毒工作，检查窖壁是否坚固及密封程度，保持窖底平整及排水管道的畅通。一般用甲酚皂液或石灰水对窖内外进行消毒，以减少杂菌。

②柠条原料的准备。

A. 柠条青贮对原料的要求。青贮原料必须有一定的含糖量，含糖量的高低是影响青贮的主要条件，一般糖分含量至少应为鲜重的1.0%～1.5%。柠条原料含糖量较少，因此在青贮过程中可以在柠条青贮中添加一定量的玉米、麸皮等来提高含糖量。

青贮原料含水量要适中：青贮原料中含有适量水分，是保证乳酸菌正常活动的重要条件。乳酸菌繁殖活动，最适宜的含水量为65%～75%。但青贮原料适宜含水量因质地不同而有差别。质地粗硬的原料，含水量可高达78%～82%；幼嫩、多汁柔软的原料，含水量应低些，以60%为宜。

柠条切碎：青贮柠条切短的目的在于装填紧实，取用方便，家畜易采食。细柠条切成3～5 cm即可，粗硬的柠条切成2～3 cm较为适宜。柠条青贮原料要力求干净，忌泥土等杂物。

B. 柠条的初加工。将收获的柠条及时运到青贮窖房，收运的时间越短越好，保持植株的新鲜和清洁，防止植株在收割、运输过程中暴晒和堆压发热，这样既可保持原料中较多的养分，又能防止水分过多流失。为便于装填、踩实和乳酸发酵、取喂，柠条收获后立即运到青贮地点，用铡草机或挤丝揉碎机等切短，长度2～3 cm。柠条切短还可迅速使植物细胞渗出汁液润湿饲料表面，有利于乳酸菌的繁殖和青贮饲料品质的提高，而且能增加饲料密度，提高青贮窖的利用率，利于除掉原料间隙中的空气，便于取用和家畜采食。

C.青贮饲料的调制。

添加剂：为了能够保证和提高青贮饲料的营养成分和营养价值，可在青贮过程中加入适当的添加剂，但必须保证要混合均匀，比如在青贮饲料中加入占青贮饲料0.1%～0.15%的食盐，各种家畜都喜爱吃，在青贮原料含水量低、质地粗硬、植物细胞汁液难渗出的情况下，每吨添加2～5 kg食盐（盐水喷洒均匀），可以促进细胞汁液的渗出，有利于乳酸菌的繁殖，加快饲料发酵，提高青贮饲料的品质。如果加入磷酸类添加剂，能使青贮饲料很快酸化，防止有害细菌繁殖。

水分：饲料中水分过高，会影响青贮饲料的适口性，经研究证明，饲料含水量一般在50%～75%适宜，同时最适宜乳酸菌的繁殖，最简单的水分测定方法可以通过手测，将原料切碎后握在手中，指缝中有水珠渗出但不往下滴，这时原料的含水量较适宜，若原料水分过高，可适当加一些麦麸等干粉，原料水分过低，在青贮时可混加一些含水分较高的原料，或边装填边喷水，含水量适宜。

③柠条青贮饲料的装填与调制。

A.装填与压实。装填前先在窖底铺上30 cm厚的干草或干柠条，柠条收获后，立即运到青贮池边，用机械切碎后随即装填，边装料边压实，并洒入一定量的水和掺入少量尿素。装填青饲料时应逐层装入，每层厚15～20 cm，踩实后继续装填，特别是四角和靠壁部位要踏实。检查其紧实度是否适当的标准是，发酵完成后饲料下沉不超过深度的10%为宜。装填大型青贮窖时，可用履带式拖拉机压实，尽量排除空气。装填原料要迅速，最好当天收获，当天切碎，当天入窖。要尽量缩短装填时间，整个青贮窖池装填完成越早越好，一般应在2～3 d内完成。在压实过程中要注意清洁，不要带进泥土、油垢、铁钉、铁丝等，以免污染青贮原料，并可避免肉牛食用后造成瘤胃穿孔。

B. 密封。当柠条装贮到窖口 60 cm 以上时即可加盖封顶，这是调制优质青贮饲料的一个重要环节。封窖时，先用塑料薄膜围盖 1 层，再加 30～50 cm 土夯实，做成馒头形，并将表面拍光滑，以利排水。封好后，应在距离窖口四周 1 m 处挖 1 条排水沟，并经常检查窖顶部有无下陷现象。如发现下陷或裂纹，应及时添加封土重新修复，以防进水、进气、进鼠，影响青贮质量。

④青贮窖的管理与维护。随着青贮的成熟及土层压力，窖内青贮饲料会慢慢下沉，土层上会出现裂缝，出现漏气，如遇雨天，雨水会从缝隙渗入，使青贮饲料败坏。有时因装窖内踩踏不实，时间稍长，青贮窖会出现窖面低于地面，雨天会积水。因此，封窖 1 周后要经常检查青贮窖，发现裂缝或下沉，要及时覆土，以保证青贮成功。

⑤青贮饲料取用。密封的柠条粉碎料，利用乳酸菌的厌氧发酵，产生乳酸，经过 40～50 d 完成发酵过程，使贮藏窖内的 pH 降到 4.0 左右，此时大部分微生物停止繁殖，而乳酸菌亦由于乳酸的不断积累，最后被自身产生的乳酸所控制而停止生长，从而达到青贮的目的。成熟的柠条青贮饲料，即可取出喂养牲畜。取用柠条青贮饲料要注意以下几点：

A. 逐层取用。取用时，要尽量减少青贮饲料与空气的接触，逐层取用，取后立即封严。圆形揭盖后逐层往下取用，不能从中间开挖，取料后及时盖好。长方形窖应从一头开挖，垂直往下逐段取用，取后即盖好。每次取出数量依喂量而定，随用随取，保持新鲜。

B. 不宜单喂。柠条青贮缺乏肉牛必需的赖氨酸、色氨酸，铜、铁、B 族维生素含量也不足，故应配合大豆饼粕类饲料或氨基酸添加剂等饲喂。妊娠后期母牛少喂或不喂。

C. 过渡或处理。在正式饲喂之前要进行过渡，可采用第 1 d 喂

1/3 青贮饲料加 2/3 干草，第 2 d 喂 1/2 青贮饲料加 1/2 干草，第 3 d 喂 2/3 青贮饲料加 1/3 干草的方法。喂量视肉牛年龄、体重、生理状况而定，母牛应少喂。

（2）柠条包膜青贮的制作技术。采用国产专用饲草打捆机和包膜机，将柠条按照"适时收获→水分调控→揉丝粉碎（加入添加剂）→打捆→包膜→堆放"的工艺流程，通过添加乳酸菌、纤维素酶制剂和有机酸等饲草调制添加剂，加工调制包膜青贮。

①适时收获。柠条生长期分为返青期、开花期、结实期、种子成熟期和枯草期，柠条不同生长阶段营养价值差异比较明显，营养价值高低依次为开花期＞种子成熟期＞返青期＞结实期＞枯草期。因此，柠条应在开花期到种子成熟期适时平茬收获，留茬高度应在 10～15 cm。

②使用添加剂。各种添加剂用量和使用方法应以产品说明为准，参见表 5-5。

③水分调控。将收获后的柠条及时粉碎揉丝，使原料水分达到 60%～70%。

④打捆。将切碎的原料装入专用饲草打捆机中进行打捆（每捆重量在 50～60 kg）。

⑤包膜。包膜打捆结束后，从打捆机中取出草捆，将草捆平稳放到包膜机上，然后启动包膜机，用专用拉伸膜进行包裹，设定包膜机的包膜圈数以 22～25 圈为宜（保证包膜 2 层以上）。

⑥堆放。包膜完成后，从包膜机上搬下已经制作完成的包膜草捆，整齐地堆放在远离火源、鼠害少、避光、牲畜触及不到的地方，堆放不应超过 3 层。搬运时不能磨破包膜，以免漏气。在堆放过程如发现有包膜破损，应及时用胶布粘贴防止漏气。

⑦取用。包膜青贮一般经过 40～50 d 即可开启使用。包膜青贮取喂时，将外面包裹的塑料膜拆开（可沿包裹方向拆开，最好不

要剪断，缠好后可旧物利用），剪开里面的网或绳，取出青贮饲料即可，取喂量应按照家畜饲养量以当天喂完为宜。

5. 马铃薯秧青贮

马铃薯秧刈割时间分为霜降后和霜降前 10 d，条件允许的情况下尽量霜降前 10 d 左右刈割，以保存更多营养物质。

（1）原料刈割。马铃薯秧霜降后或霜降前 10 d。全株玉米青贮正常刈割。

（2）混贮比例。

①霜降后，马铃薯秧与全株玉米 3∶7 混合、甜高粱 2∶8 混合。

②霜降前，马铃薯秧与全株玉米 3∶7 混合、玉米秸秆和稻草秸秆分别以 1∶1（重量比）混合。

（3）添加剂。添加 0.03 g/kg 乳酸菌。

（4）切短。用铡草机将原料切短成长度 2～5 cm。

（5）水分调节。原料水分含量控制在 65%～75%。

（6）填装。应当天装入青贮窖，装填 30～40 cm 混合原料用机械压实。

装载机压实，边角采用人工装实。压实的混合原料高于窖口 50 cm 以上进行封口。装窖在短时间内完成，小型窖要当天完成，大型窖最好不超过 3 d，当天未装满，必须用塑料薄膜压严，次日揭开薄膜继续装窖。

（7）封窖。装填至高出池面 20～30 cm，上铺塑料薄膜覆盖废旧轮胎密封。

（8）饲喂量。肉牛日粮中用于替代全株玉米青贮不超过 40%。

6. 黄花菜茎叶青贮

黄花菜茎叶青贮原则上无时间限制，茎叶青绿期皆可制作，一般在秋季白露后为较佳青贮期，青贮调制时间一般为 35～45 d。

（1）青贮设施。主要有青贮窖（池）、青贮包膜。总的要求是坚固耐用、密封、不透气、不漏水和防水防雨，规范合理，经济适用。

①青贮窖（池）。按照形状分为长方形和圆形。窖（池）的大小可根据青贮的数量而定。长方形池宽 1.8～2.0 m，深 2.0～2.2 m，长度根据需要而定。

②青贮包膜。选择坚固、不透气、无毒的塑料袋，装填青贮饲料，封口并扎结实。袋贮操作简单、取用方便，适合规模较小的养殖户（场）。

（2）原料。选取干净，无泥土和其他杂质的黄花菜茎叶，直径为 0.8～1 cm，含水量为 60%～70%。

（3）添加剂。添加 0.03 g/kg 乳酸菌。

（4）青贮调制要点。

①快割。在最短时间内收割饲料原料。

②快运。准备好运输工具，收割后立即装车并拉运至青贮点。

③快铡。将原料铡短切碎的长度不超过 2 cm，以利于踩踏压实。

④快装。最好边铡边装填。

⑤快压。边装边踩踏压实，尤其是边拐死角要踩实到位，最大限度地排出空气，为乳酸发酵创造厌氧环境，并能缩短原料在空气中的暴露时间。

⑥快封。原料高出窖口面 40～50 cm，长方形成鱼脊背式，圆形成馒头状，装填完后立即严密封埋，先用塑料膜盖严，再用土覆盖 20～30 cm，密封窖贮。

（5）管理。

①随时检查窖（池）顶覆土密封及露在地面上的窖（池）有无裂缝、塌陷，及时修补，排出顶部积水，以防透气浸水。

②随时注意检查防鼠、防止牲畜踩踏，覆盖棚膜有无破损等。

（6）取用。取料面要平滑，尽可能缩小范围，但要防止掏心打洞，圆形窖自上而下取料，长方形应从一端开始。取料应随取随用，当日喂完，不饲喂过夜青贮饲料。感官为劣质和卫生指标不合格的黄花菜茎叶青贮饲料不可饲用。

（7）饲喂量。肉牛日粮添加量不超过20%。

7. 黄芩秸秆青贮

采收黄芩药用地下根茎前收割的地上部分副产物，利用方式主要有晒干粉碎和微贮。黄芩秸秆直接粉碎利用是将将秸秆收集整理后晒干粉碎，粉碎筛口径 11 mm 左右即可，添加至家畜精饲料中直接饲喂。育肥牛饲喂量每日不超过 1.0 kg/ 头。

黄芩秸秆青贮制作方法同全株玉米青贮，其中需要注意：

（1）原料粉碎。用粉碎机将黄芪秸秆粉碎至长度 1～2 cm。

（2）添加剂使用。

①纤维素酶处理。按照推荐用量和方法先用 100 mL 水充分溶解后，均匀地洒在青贮原料上，调节原料水分至 65%～70%，搅拌均匀后装入乙烯塑料袋内，压实、抽气，阴凉通风处放置 45 d 取用。

②乳酸菌和酵母菌处理。用 100 mL 温水（水温 37.5℃左右）充分溶解后加入 3 g 的白糖进行复活，加一定量水将原液稀释，均匀地洒在青贮原料上，调整原料水分 65%～70%，搅拌均匀后装入乙烯塑料袋内，压实、抽气，阴凉通风处放置 45 d 取用。

（3）饲喂量。黄芪秸秆青贮可改善秸秆营养价值，建议育肥牛饲喂量每日不超过 2.0 kg/ 头。

8. 苹果渣与玉米秸秆混贮

（1）原料选择。玉米秸秆（风干黄秸秆、收获玉米籽实后的青绿秸秆）。新鲜无霉变、污染、杂质的果渣，最好选用果品加工厂

1～2 d 内生产的新鲜果渣。

（2）原料切碎。玉米秸秆收割后，应立即运至贮藏地点切短，长度 1～2 cm 为宜。

（3）混合贮存比例。玉米秸秆与果渣混贮比例为 60∶40 或 70∶30。

（4）填装压实。按照玉米秸秆与苹果渣装填顺序的差异，可以有两种原料的装填方法。

①分层填装。由于苹果渣的含水量高，装填时应先在最底层装入玉米秸秆，约 50 cm 厚，摊平、压实（特别要注意靠近窖壁和拐角的地方）。秸秆上铺厚约 30 cm 果渣，堆实、摊平，如此往复。如果要加入玉米面来调节饲料的品质，此时可以撒上玉米面。直到压实最上层的一层玉米秸秆时，密封。

②果渣不足，可将切碎的秸秆逐层装入青贮窖中，按玉米秸秆青贮饲料制作操作。直到压实至最上一层的玉米秸秆时，密封。

（5）水分调节。苹果渣水分含量大，制作时要注意比例和水分调节。水分含量较低的黄色秸秆，需要在粉碎装填时适当加水。混贮原料总含水量控制在 65%～70%。

（6）密封。用果渣直接封顶，厚度以 60～80 cm 为宜，磨平，做成圆锥或者馒头形，再覆盖塑料薄膜，压实。

（7）管理与维护。窖口防止雨水流入及空气进入。在青贮池（窖）四周应有排水沟或排水坡度。

（8）取用。贮存 35～45 d 即可开窖使用。从窖的一侧沿横截面开启，从上到下，随用随取，切忌 1 次开启的剖面过大。制作良好的果渣玉米秸秆混贮饲料有醇香味或果香黄色，果皮带黄绿色。

9. 葵花盘与玉米秸秆混贮

（1）原料准备。原料为脱粒后的新鲜葵花盘和风干玉米秸秆。

（2）原料切碎。原料运至混贮地点后，用铡草机铡短至 1～2 cm。

（3）水分调节。加入适量水将原料水分调节至65%～70%。

（4）添加比例。葵花盘按照20%的比例添加。

（5）添加剂使用。加入饲料酶添加剂，用1 kg玉米面将0.1 kg青贮专用饲料酶稀释后，与1 000 kg原料均匀混合。

（6）青贮制作。原料装入青贮窖，每装填30～50 cm，用大型机械将原料压实，排出空气。当原料高出窖沿50～60 cm时，覆盖塑料薄膜，覆土压严，密封窖贮。

10. 马铃薯淀粉渣与玉米秸秆混贮

（1）原料准备。原料为马铃薯淀粉渣和风干玉米秸秆。

（2）原料切碎。原料运至混贮地点后，用铡草机将玉米秸秆铡短至1～2 cm。

（3）水分调节。将原料水分调节至65%～70%。

（4）添加比例。马铃薯淀粉渣按照20%的比例添加。

（5）添加剂使用。为提高混贮效果，装填时，在原料表面均匀喷洒乳酸菌添加剂，将2.5 g乳酸菌溶于10%的200 mL白糖溶液中配制成复活菌液，经1～2 h活化后，再用10～80 kg水稀释后均匀喷洒在原料上。

（6）青贮制作。按照分层混贮的方法，将玉米秸秆铺垫至窖底，将马铃薯淀粉渣均匀覆盖在玉米秸秆上，然后再覆盖粉碎并调节至适宜水分的玉米秸秆，如此反复。当原料高出窖沿50～60 cm时，覆盖塑料薄膜，覆土20～30 cm，密封窖贮。

四、青贮饲料品质鉴定

青贮饲料发酵品质的好坏，直接与贮藏过程中的养分损失和青贮产品的饲料价值有关，并且影响家畜的采食量、适口性、生理功能和生产性能。因此，应正确评价青贮饲料品质，为确定饲料等级和制定饲养计划提供科学依据。对青贮品质的鉴定有两种方法，一种是根据发酵优劣状况即发酵品质（所谓狭义品质）来评定；而另一种是根据青贮饲料的饲料价值（广义品质）来判断。通常所指的青贮品质为狭义上的品质。

在农牧场或其他现场情况下，可采用感官鉴定法来评价青贮饲料的品质，多采用气味、颜色和质地等指标。

1. 香

品质优良的青贮饲料，具有较浓的酸味、果实味或芳香味，气味柔和，不刺鼻，给人以舒适感，这样的青贮饲料 pH 低于 4.0，乳酸含量高。品质中等的，稍有酒精味或醋味，香味较弱。如果青贮饲料带有刺鼻臭味如堆肥味、腐败味、氨臭味，那么说明该饲料已变质，不能饲用。

2. 味

含在嘴里给人以舒适感的，品质优良。pH 3.7 左右的青贮饲料酸味相当强，pH 4.0 左右的青贮饲料除了酸味以外同时还有米糠酱味。pH 为 4.5 以上时，酸味中有涩味、苦味，为品质不良的青贮饲料。

3. 色

品质良好的青贮饲料呈青绿色或黄绿色（说明青贮原料收割适时）。中等品质的青贮饲料呈黄褐色或暗褐色（说明青贮原料收割时已有黄色）。品质低劣的青贮饲料多为暗色、褐色、墨绿色或黑色，与青贮原料的原来颜色有显著的差异，这种青贮饲料不宜喂饲家畜。

4. 质地

品质良好的青贮饲料压得非常紧密，拿在手中却较松散，质地柔软，略带湿润。叶、小茎、花瓣能保持原来的状态，能够清楚地看出茎、叶上的叶脉和茸毛。相反，如果青贮饲料黏成一团，好像一块污泥，或者质地松散干燥粗硬，这表示水分过多或过少，不是良好的青贮饲料。发黏、腐烂的青贮饲料是不适于饲喂各种家畜的（表5-6）。

表5-6 青贮饲料感官鉴定标准

等级	色	香	味	质地
优良	接近原料的颜色，一般呈黄绿或青绿	芳香、酒酸味，给人以舒适感	酸味浓	湿润松散，保持茎、叶、花原状
中等	黄褐、暗褐	芳香味弱，并稍有酒精或醋酸味	酸味中	柔软，水分稍多，基本保持原状
低劣	黑色、墨绿	刺鼻臭味、霉味	酸味淡，味苦	茎、叶、花原状腐烂、成块、无结构、黏糊、滴水

五、青贮饲料利用

1. 取用方法

青贮饲料一般经过50～60 d发酵后即可开启使用。青贮窖启用时须从窖口开始沿垂直面逐层取用，每次取料面厚度应大于30 cm，取用的青贮饲料应一次性用完，保持取料面平整，取料后立即盖好薄膜，防止取料面暴露发生有氧变质。

2. 饲喂技术

家畜对青贮饲料的适口性强，采食量高，但第一次饲喂青贮饲料，有些家畜可能不习惯，可将少量青贮饲料放在食槽底部，上面覆盖一些精饲料，等家畜慢慢习惯后，再逐渐增加饲喂量。妊娠家畜应适当减少青贮饲喂量，妊娠后期停喂，以防引起流产。冰冻的青贮饲料，要在解冻后再用。实践中，应根据青贮饲料的饲料品质和发酵品质来确定适应的日喂量。

第六章

肉牛疫病预防技术

第一节 牛群保健

随着肉牛养殖业的发展,牛群数量越来越多,牛群的卫生保健管理在牛群的疾病预防、提高牛肉的营养价值与肉牛业的经济效益方面的作用越来越明显。牛群保健管理主要包括肉牛场的卫生、牛群保健及疾病预防、牛群的健康安全饲养等方面。在牛场生产中应坚持"防重于治"的原则,有效控制肉牛疾病,特别是传染病、代谢病,使牛更好地发挥生产性能,延长使用年限,提高养殖的经济效益。

一、保健工作计划的制定

牛群保健计划的制定是为了避免和控制疾病的发生。由于不同牛场的管理、设备、技术水平和环境条件各不相同,因此在制定牛场的保健计划时应充分考虑各个牛场的实际情况和当地的疫病流行情况,还要根据条件和当地疫病流行情况的变化进行不断修改和完善。牛群保健计划的范围包括保健记录、防疫及免疫注射、消毒、牛群的疾病监控、监测、治疗等各个方面。

二、保健记录

客观、翔实的记录能真实地反映出牛群的健康状况和管理水平,是计算牛群发病率、死亡率和安排生产的重要依据。同时看到保健工作的成效和不足,并及时进行计划的修订,改善保健工作。现代化的牛场,已广泛采用计算机参与饲养管理,使得繁杂的保健信息数据的处理和保存变得非常容易，因而记录的项目应更多更细一些。一般记录包括以下几方面内容：

（1）犊牛情况记录，包括犊牛号、出生日期、性别、出生重、母号、父号、免疫情况、每月增重情况。

（2）后备母牛情况记录，包括牛号、出生日期、母号、父号、免疫情况、既往病史与治疗措施，不同月龄的体重、发情和配种情况，妊娠检查结果、预产期等。

（3）生产母牛情况的记录，包括配种和繁殖情况，产后至第一次发情的时间，每次发情配种的时间，妊娠检查的结果，每次产犊的情况等。

（4）疫病防控情况记录，包括每次疫苗免疫的名称和时间、发病情况及治疗措施；各种疾病的发病时间和危害情况、病因、用药治疗情况；每次防疫项目和时间、发情情况及治疗措施；各种疾病的发病时间和危害情况、病因、用药治疗情况、死亡原因和时间等。

三、防疫及免疫注射

1. 牛场日常防疫措施

（1）牛场应建围墙或防疫沟，生产区、生产辅助区和生活区要分开，门口应设消毒池和消毒间。应设有粪便堆放或暂存设施。设兽医室、诊断治疗室、药房和患病牛隔离圈舍。

（2）非生产区的车辆及人员不能随意进入生产区，因工作需要进入生产区的车辆和人员必须经过严密的消毒方能进入。凡外购牛必须进行结核病、布鲁氏菌病的检疫和隔离观察，确定为阴性者方可入场。

（3）生产区严禁饲养其他畜禽或携带畜产品进入生产区。场内严禁牛只放血、宰杀、解剖，尸体和胎衣应深埋。

（4）定期对生产区进行局部或全面消毒，按计划进行防疫、检疫工作。粪便集中堆放，利用生物热消毒。采取有效措施消灭生产区的蚊、蝇、鼠类。饲养人员每年进行一次体检，穿戴工作衣帽上班。

2. 免疫注射

根据国家的免疫计划及本场实际情况制定牛群免疫项目、免疫频次等。

3. 检疫

危害畜牧业最为严重的疾病就是结核病和布鲁氏菌病。因此，在每年的春秋两季要对牛群进行整体的检查。倘若有牛群感染以上两种疾病，要及时地进行淘汰、隔离，并予以治疗，防止健康牛只感染。同时加强对生病牛群的消毒工作，防止再次滋生新的病菌。

4. 清洁消毒

牛舍内的健康卫生主要从以下着手：第一，注重粪便的清理。第二，注重牛群饲料饮水的健康。第三，注重牛群休息区域的卫生。牛舍最大的感染源是粪便，因此，饲养工作者要注重粪便的清理和通风。对于牛舍内不平整的区域，要第一时间修整。饲养的时候，要根据牛群数量适当调整饲料用量，倘若出现剩余食物，也需要及时处理，并更换新的食物和水。牛群俯卧地方的稻草也需要定期更换，防止稻草腐烂生虫，影响健康生长。

5. 牛群疾病的保健

（1）腐蹄病。腐蹄病是由于牛舍内部粪便清理不及时，或者牛活动地域不平整，导致牛无法站立，从而不停换蹄或者躺卧在地。无法及时治疗病牛，将直接影响牛的正常运动，甚至造成牛三脚跳现象，又或者出现体温上升、腹部疼痛、食欲下降、精神抑郁等消极症状。

牛群的肢蹄保健：一是牛舍运动场地面应保持平整、干净、干燥、防滑，粪便及时清理，污水及时排除，不用炉渣、石子、砖块、铺垫运动场和走道；二是经常保持牛蹄清洁，清除指（趾）间污物，冬季用干刷，夏季用水刷；三是每年对牛群普查1次，对于蹄变形的牛只春、秋季节统一修蹄；四是当蹄变形严重，蹄病发生率高达15%以上时，应视为群发性问题，要分析原因，采取相应的治疗措施；五是必要时可用4%硫酸铜溶液对蹄部进行药浴。也可在牛必经的通道撒布长5 m、宽2 m的生石灰粉进行干燥蹄浴；六是混合精饲料中添加硫酸锌2～4 g/头，对防治腐蹄病效果显著。

（2）产科疾病。母牛在繁殖期间最容易患上的疾病就是产科类疾病。牛舍内的环境不干净，将直接影响繁殖期母牛的躺卧时间，以及各个部位的感染，从而造成乳房炎、阴道炎和宫颈炎等。其大大降低母牛的健康和生殖技能，以及犊牛的健康生长。

牛群的生殖保健：一是人工输精要严格执行消毒规范和操作要求；二是加强泌乳后期牛的饲养管理，注意日粮微量元素和维生素A、维生素D、维生素E的不足。体况控制在3.25～3.75分。妊娠牛在产前20 d和产后15 d注射0.1%亚硒酸钠20 mL，维生素A、维生素D、维生素E合剂5 mL，防止胎衣不下；三是产房的运动场要干燥，清洁。产床、产间每日清扫垫料，并消毒1次。产前用消毒液刷拭牛的后躯。正确接助产，减少母牛产道创伤；四是从母牛产后实施全程监护，每头牛建立1张监护登记卡。产后0～6 d内，观察母牛产道是否有伤，有损伤及时处理。产后1～3 d内观察胎衣排出情况及产道和外阴部有无感染。产后7 d，观察恶露，恶露异常或炎症表现要立即处置。产后14 d，检查产道内黏液的洁净程度，发现黏液不洁时，进行子宫炎治疗。产后30～35 d，直检子宫恢复程度和卵巢的机能状况，发现子宫疾病不论轻重均要治疗。产后50～60 d，对一检、二检治疗的牛只进行复检，如未愈继续治疗。

（3）犊牛消化能力弱。初生的牛犊由于运动能力和免疫能力弱，导致大多数的时间在牛舍和运动区活动。而母牛由于俯卧也极容易接触到粪便和污水等，导致母牛的乳房会黏附一些污物，牛犊在吸食母乳的时候可能将这些污物带入口中。长期下去，小牛犊将产生消化不良，严重的时候可能影响肠胃吸收，损伤牛体的健康。

犊牛饲养管理：对于繁殖期间的母牛和小牛犊来说，有条件的话，饲养工作者可以将其分开喂养。必要的时候也可以设置严格的规定，禁止非生产工作者进入，以提高特殊时间段牛只的管理和养护。饲养工作者要确保每月至少1次对牛舍的全面消毒工作，且消毒的时候要确保牛舍内无牛只存在。饲养工作者在春秋两季的时候要保证至少2次对牛群进行驱虫工作，运用驱虫药水进行表面驱虫，或者注射相关消灭寄生虫的药剂。

（4）瘤胃酸中毒。主要是突然饲喂大量的易发酵的高精饲料，易引起瘤胃内的乳酸菌和牛链球菌等的大量增生，导致瘤胃内容物中乳酸含量增高，胃内容物pH降到5以下。胃内容物pH的降低会导致瘤胃的纤维分解菌、纤毛虫等迅速死亡消失，造成瘤胃蠕动停止。

瘤胃健康管理：该病是由饲养模式造成的，合理饲养主要是注意日粮搭配、采用科学配方；同时避免精饲料饲喂过多，避免食入过量不易消化的粗饲料，避免饲喂变质的饲料或冰冻饲料，避免突然改变饲料，注意清除饲料中的异物，避免饲喂大量易发酵的饲料。在改变饲料或增加饲料时一定要逐步递增，5 d为一个周期，15～20 d改变完毕，这样才能达到平稳过渡的目的。当精饲料饲喂量较高时，可在日粮中添加碳酸氢钠。

随着社会的发展及人们生活水平的提高，养殖业卫生健康受到越来越多的关注，尤其是在肉牛养殖中，牛场卫生和牛群健康直接影响肉牛养殖经济效益。故在其饲养管理中一定要注重卫生保健工作。

第二节 种源管理

我国是世界上牛资源最多的国家之一。但受农业生产方式的限制，牛长期被作为役用工具，直到20世纪70年代，才开始向肉用方向转变，比国外晚了一个世纪。近十年，我国肉牛选育进入了联合育种的新时期，遗传改良工作加快推进，良种繁育体系逐步完善，生产性能测定体系逐步建立，地方遗传资源开发利用得到重视和加强。目前，随着国家重视程度不断提高，以及育种技术的推广应用，我国肉牛种业正稳步进入快车道。

一、档案管理

肉牛养殖场都应建立自己的育种管理档案，建档内容包括牛群的生产管理档案、饲养管理档案、疫病防治档案等。生产管理档案包括出生、死亡、销售以及购进情况记录；外貌鉴定、体尺测定、称重、配种、产犊等原始记录；种牛系谱档案。饲养管理档案包括饲料配方、饲喂方式、饮水等日常饲养管理记录。疫病防治档案包括疫苗注射、圈舍消毒、疾病治疗等记录。

二、引种管理

养殖场首先要建立科学的引种管理制度，根据肉牛品种改良规划、牛场生产方向、生产条件等确定引进品种。其次，引种管理制度执行良好，并做好相关记录。按照种畜禽调运检疫技术规范要求，调出牛在起运前 15～30 d 在原牛场或隔离场进行相关项目的检疫。调查了解该牛场在近 6 个月内疫情情况，查看拟调出牛档案和预防接种记录，并进行群体和个体检疫，做临床检查和口蹄疫、布鲁氏菌病、结核病等实验室检测。保证购进精液、胚胎、引种来源于有《种畜禽生产经营许可证》的单位；或符合相关规定的国外进口种牛或胚胎、精液；引入牛、精液、胚胎，证件（动物检疫合格证明、种畜禽合格证、系谱证）齐全。

三、隔离管理

引进牛群按照《无公害食品　肉牛饲养兽医防疫准则》（NY 5126—2002）有关要求进行隔离观察，牛群到场后，根据检疫需要，在隔离场观察 15～30 d。在隔离观察期内，须进行检疫，经检查确定为健康动物后，方可供繁殖、生产使用。

四、留用种牛 / 精液管理

每年要对留用种牛 / 精液进行牛口蹄疫病原检测、牛布鲁氏菌病检测和牛结核病检测，并保证结果均为阴性。

第三节　监测净化

动物疫病净化是指特定区域或场所对某种或某些重点动物疫病实施的有计划的消灭过程，达到该范围内个体不发病和无感染状态。疫病净化是以消灭和清除传染源为目的。这个"特定区域"是人为确定的一个固定范围，可以是一个养殖场、一个自然区域、一个行政区，也可以是一个国家。实现动物疫病的源头控制，是推动疫病净化和无疫区建设的重要基础，也是保障公共卫生安全的重要内容。

一、牛布鲁氏菌病监测净化

对肉牛养殖场内布鲁氏菌病开展本底调查，了解当前场内流行情况及可能导致畜群感染的风险因素。采取严格的"监测、扑杀/淘汰、无害化处理、消毒、隔离"等综合措施，按照控制、稳控分步达标升级，建立非免疫无疫场。

二、牛结核病监测净化

首先对参与净化的养殖场开展基线调查，对该场所有牛只开展检测，了解结核病流行率。建议有意愿参与净化且流行率低于5%，养殖场结核病风险评估结果为中等或低风险的场采取"监测、扑杀、隔离、消毒"相结合的综合措施，针对养殖场个体流行率高低，可以将养殖场分为未控制群和稳定控制群，并适当调整监测频率。强化人流、物流管控，降低疫病场内传播风险；落实引种检测、隔离制度，避免外来病原传入；建立完善的防疫和生产管理等制度，优化生产结构和建筑设计布局，构建持续有效的生物安全防护体系，确保净化效果持续、有效。对于结核病流行率高或养殖场结核病风险评估结果为高风险的，则以检测淘汰、提升养殖场风险防控水平，降低个体流行率为首要工作。

三、牛口蹄疫监测净化

坚持预防为主的方针，遵循"分类指导、因地制宜、逐场推进"

的原则，大力推进"免疫预防、定期监测、淘汰阳性"等综合防治措施，借鉴世界动物卫生组织（WOAH）、联合国粮农组织（FAO）口蹄疫渐进性控制策略，按照"感染流行、稳定控制、免疫无疫、非免疫无疫"4个阶段递次推进，逐步实现宁夏地区规模化牛羊场口蹄疫非免疫无疫。

1. 感染流行

场内个体感染率>5%。个体感染数量是指临床病例和病原学监测阳性数量之和。

2. 稳定控制

场内连续6个月以上无临床病例，且个体感染率≤5%。个体感染数量是指临床病例和病原学监测阳性数量之和。

3. 免疫无疫

在采取免疫措施条件下，场内连续12个月以上无临床病例，且连续6个月以上口蹄疫病原学监测为阴性。

4. 非免疫无疫

在停止免疫12个月之后，场内连续12个月以上无临床病例，且连续6个月以上口蹄疫病原学监测为阴性。

第四节　肉牛场消毒

一、消毒设施、设备、方法和消毒药物

1. 消毒设施

消毒更衣室及牛场生产区大门旁，室内应有更衣柜、消毒洗手池、紫外线灯；入场消毒通道，与更衣室相连。通道地面建有消毒

池、消毒通道；大型消毒池，牛场门口设有车辆消毒池，消毒池长度不少于 3.8 m，宽应与主大门同宽且不能小于 3.0 m，深度不少于 20 cm；小型消毒池，一般建于牛舍大门处。其规格与牛舍内走道等宽，长度以人不能越过即可，深度不少于 10 cm；粪便堆积发酵场，用于粪便的贮存与发酵。在粪污处理区设立专门区域，应防漏渗、防雨淋；污水处理系统，采用多级沉淀发酵法或沼气池发酵系统。

2. 消毒设备

喷雾器，依据情况选择手动式、机动式或者电动式喷雾器；清洗机，可与多头喷雾系统连接用于大面积强化消毒或者杀虫；火焰消毒器，用于牛舍地面、墙面或者设备消毒；煮沸消毒器，用于消毒兽医诊疗器械；紫外线灯，用于照射消毒，应使用波长为 2537Å 的紫外灯管，悬挂高度离地面不超过 2 m；通风换气机，根据牛舍长度、空间安装相应大小功率的轴流风机采用正压或者负压的方法通风换气。

3. 消毒方法

（1）物理消毒法。主要包括机械清扫刷洗、高压水冲洗、通风换气、高温高热（灼烧、煮沸、烘烤、焚烧等）和干燥、光照（日光、紫外线照射等）。

（2）化学消毒法。采用化学消毒剂杀灭病原是消毒常用方法之一。使用化学毒剂时，应考虑病原体对消毒剂的抵抗力和消毒剂的杀菌谱、有效浓度、作用时间、消毒对象及环境温度等。

（3）生物学消毒法。对生产中产生的大量粪便、污水、垃圾及杂草等利用生物发酵热能杀灭病原体，有条件的可将固液体分开，固体为高效有机肥，液体用于渔业养殖。同时，可在牛场内适度种植花草树木，美化环境。

（4）常用消毒药物和使用方法如表 6-1 所示。

表 6-1 常用消毒药用法

类别	名称	常用浓度	用法	消毒对象
碱类	氢氧化钠	1.0%～5.0%	喷洒	空栏消毒、消毒池
	石灰	10.0%～20.0%	刷拭	空栏消毒
酚类	复合酚	1∶100	喷洒	发生疫情时栏舍环境强化消毒
		1∶300	喷洒	毒、空栏消毒、载畜消毒、消毒池
醛类	甲醛	2.0%～10.0%	喷洒	厩舍内外环境消毒
		15.0～20.0 mL/m³	熏蒸	空栏消毒后的猪舍
	戊二醛	1∶(200～500)	喷洒、浸泡	厩舍、运载工具、器具、环境和排泄物消毒
季铵盐类	苯扎溴铵	0.1%	浸泡	皮肤及创伤消毒
	苯扎氯胺	1∶500	喷雾	厩舍内外环境消毒、载畜消毒
	双链季铵	1∶300	喷雾	厩舍内外环境消毒、载畜消毒
	盐络合碘	1∶1 000	喷雾	发生疫情时栏舍环境强化消毒
醇类	乙醇	75.0%	外用	皮肤及创伤消毒
卤素类	氯异氰尿酸	0.5%～1.0%	喷雾	厩舍内外环境消毒、载畜消毒
	碘酊、碘甘油	1.0%～5.0%	外用	皮肤及创伤消毒
	聚维酮碘	0.5%～1.0%	喷雾	厩舍内外环境消毒、载畜消毒
氧化剂	高锰酸钾	0.1%	浸泡	皮肤及创伤消毒
	氧化氯	30.0～250 mg/L	喷洒	厩舍内外环境消毒、载畜消毒
	过氧乙酸	0.5%	喷雾	厩舍内外环境消毒
		5.0%	熏蒸	空栏消毒

二、消毒制度

1. 环境消毒

牛舍周围环境（包括运动场）每周用2%火碱消毒或撒生石灰1次；场周围及场内污水池、排粪坑和下水道出口，每月用漂白粉消毒1次。在大门口和牛舍入口设消毒池，使用2%火碱或煤酚溶液。

2. 人员消毒

工作人员进入生产区应更衣和紫外线消毒，工作服不应穿出场外；外来参观者进入场区参观应彻底消毒，更换场区工作服和工作鞋，并遵守场内防疫制度。

3. 牛舍消毒

（1）预防性消毒。根据生产的需要采用各种消毒方法在生产区和牛群中进行的消毒。主要是日常定期对栏舍、道路、运动场和牛群的消毒，定期向消毒池内投放消毒药等；人员、车辆出入栏舍、生产区内的消毒等；饲料、饮用水乃至空气的消毒。

（2）随时消毒。牛群中个别牛发生一般性疫病或突然死亡时，立即对其所在栏舍进行局部强化消毒，包括对发病或死亡牛的消毒及无害化处理。

（3）终末消毒。采用多种消毒方法对全场进行全方位的彻底清理与消毒，主要用于全进全出饲养方式空栏后或烈性传染病流行初期，以及疫病平息后准备解除封锁前均应进行消毒。

4. 其他消毒措施

（1）病死牛剖检时的消毒。在剖检室内或场外规定场所对病、死因不明牛只进行剖检；封闭运送牛尸体，防止其对环境的污染；对尸体清洗消毒后方可开始剖检；剖检后的尸体按规定处置；剖检人员用消毒剂浸泡双手、鞋底；清理消毒剖检器械，妥善保管病料，用消毒剂喷洒剖检场地。

（2）医疗器械消毒。注射器、针头等拆卸后，用纱布包裹煮沸30 min，自然冷却再行装配使用。体温计用酒精棉擦拭干净。刀、剪、套口器（绳）等器械洗净后浸泡消毒。

（3）饮水消毒。场区应有足够的生产和饮用水，饮水质量应达到 NY 5027—2008 的规定；经常清洗和消毒饮水设备，避免细菌滋生；若有水塔或其他贮水设施，则应有防止污染的措施，并予以定期清洗和消毒。

（4）粪污消毒。将消毒剂（如复合酚类、有机氯类）按照规定的比例与粪污混合后发酵，经过规定的时间后才可外运，同时还应对被污染的排污沟投放有效剂量消毒剂进行刷洗消毒。

三、消毒效果检查

1. 地面或物体表面消毒和效果检查

（1）选点。消毒前在牛圈地面或设备表面选取 5 个以上采样点。

（2）采样。每点取 10 cm×10 cm 面积，以湿的无消毒棉签擦拭 1 min，使棉签四周均与划定面积相接触，然后将其放入装有 10 mL 无菌生理盐水管中，按顺序编号后送实验室待查。消毒后间隔约 1 h，在原采样处以同法再次采样并编号，采样棉签以同法保存，含氯制剂的消毒剂，应在生理盐水中加数滴 0.5% 灭菌硫代硫酸钠溶液以中和余氯。

（3）检测。

所采标本在实验室接种培养，对消毒前后菌落计数，并用公式（1）计算细菌减少率：

公式：
$$X = \frac{A-B}{A} \times 100\% \qquad (1)$$

式中：X 表示细菌减少率；A 表示消毒前菌落数；B 表示消毒后菌落数。

注：减少率在 80% 以上为优，70%～80% 为良，60%～70% 为一般，60% 以下不合格。

2. 空气消毒效果检查

(1) 选点。消毒前在猪舍选取 5 个以上采样点。

(2) 采样。采用平板沉降法。操作步骤在消毒前后，按室内面积小于 30 m^2，在对角线上取 3 点，即中心一点，两端各一点；室内面积大于 30 m^2 时，于四角和中央取 5 个点，每点在距墙 1 m 处放置一个直径为 9 cm 的普通营养琼脂平板，将平板盖打开倒放在平板旁，暴露 15 min 后盖上平皿盖，立即置 37 ℃恒温培养箱培养 24 h，计算平板上菌落数，根据消毒前后被测房间空气中的细菌总数变化，判断消毒是否有效。

(3) 检测。对菌落数计数，按公式（1）计算和评价空气消毒效果。

3. 饮用水消毒效果检查

(1) 选点。在水源地和场内牛群饮水的不同地点选取 5 个以上采样点。

(2) 采样。用灭菌容器采集水样，接种于营养琼脂培养基。

(2) 检测。按 GB/T 5750.1～5750.13—2023 的规定执行。

第五节　牛疫苗使用

一、疫苗的分类

兽医疫苗指以天然的或人工改造的微生物（细菌、病毒、支原体）、寄生虫及其组分（蛋白质或核酸）或产物（毒素）、模拟抗原等为材料，采用生物学、分子生物学或生物化学、生物工程等相关技术制成的，用于预防动物疫病或有目的地调节动物生理机能的一类兽医生物制品。

兽医疫苗接种动物体后,能刺激动物免疫系统产生特异性免疫应答,继而使动物体主动产生相应免疫力,所以又称为主动免疫制品。

二、疫苗的贮存、运输和使用管理

根据兽医生物制品特性,在贮存、运输销售和使用生物制品时须满足特定条件。各生产企业、销售和使用单位须配置相应的冷冻冷藏设备,指定专人负责,按各制品的要求进行严格管理,定时检查和记录贮存温度。运输生物制品应尽量缩短运输时间。凡要求在 2～8 ℃贮存的灭活疫苗、诊断液、血清等,宜在同样的温度下运输,若在寒冷季节或地区运输,须采取防冻措施。凡需低温贮存的活疫苗,应按制品要求的温度进行包装运输。细胞结合毒的疫苗须在液氮中贮存运输。所有运输过程中须严防日光暴晒。从事生物制品销售的单位应具备相应资质,经有关兽医行政管理部门批准后方可经营销售,销售过程中应建立完整的购销档案。兽医生物制品使用单位应当遵守国务院兽医行政管理部门制定的兽药安全使用规定,在兽医指导下按相应制品的使用说明书使用,并建立完整的使用记录。

三、常用免疫接种方法

1. 口服法

口服疫苗在刺激局部免疫方面提供了一种便捷、高效的途径。一般用连续注射器连接 1～1.5 cm 乳胶管,将乳胶管插入口腔注射即可,或直接饮用。适用于牛、羊、猪布鲁氏菌病疫苗的免疫。然而，蛋白的口服免疫途径可导致免疫无应答或口服免疫耐受。且抗原的反复口服免疫可导致全身性免疫反应下降。口服免疫时由于消化酶对抗原的降解作用，需要更高的抗原剂量和更高的免疫频率，常用佐剂霍乱毒素轭合物、微胶囊法包裹抗原、丙交酯乙交酯共聚物等能够防止消化酶对抗原的降解，利于疫苗的缓释，以促进疫苗的免疫保护效果。饲料中混合大肠杆菌疫苗进行饲喂的免疫方式已经在猪群中得到了应用。

2. 皮下注射

皮下注射应选在颈部、肩前、腋下、股内侧或腹下皮肤薄、松弛、易移动的部位。局部剪毛，用70%酒精棉球或2%碘酊棉球消毒，再用左手拇指、食指和中指捏起皮肤呈三角形，右手如执笔状持注射器于三角形基部垂直皮肤迅速刺入针头，放开皮肤，不见回血后注药。注射完毕用酒精棉球压迫针孔片刻，防止药液流出，注射正确时可见皮肤局部鼓起。

3. 皮内接种

皮内接种是一种非常高效的免疫途径，接种后抗原极易被捕获并随淋巴流输送到局部淋巴结，少量抗原就可诱导机体产生与肌内注射相当的免疫应答反应。其主要的缺点是动物免疫时技术上存在难度，以及给动物造成较大的疼痛感。可选择皮肤致密、被毛少的部位进行接种。牛宜在颈侧、尾根、肩胛中央。将针头在皱褶或皮肤上斜着（使针头几乎与皮面平行）轻轻刺入皮内约0.5 cm，缓慢注入药液。注射完后，用灭菌干棉球轻压针孔。如针头确实在皮内，则注射时会感觉有较大阻力，同时注射处会形成一圆形小丘。在伪狂犬病疫苗免疫中，皮内注射的方法已获得成功。

4. 肌内注射

肌内注射可将疫苗储存于血管分布密集的位点并将抗原充分暴

露于免疫系统。但是注射位点不合适时，疫苗会储存于肌外间质组织或脂肪。因此，必须注意接种位点解剖学位置的选择，以确保抗原充分递呈并暴露于免疫应答细胞。牛选择颈侧部或后臀部肌肉较厚的部位。对于大家畜，为防止损坏注射器或折断针头，可分解动作进行注射，即把注射针头取下，以右手拇指、食指紧持针尾，中指标定刺入深度，对准注射部位用腕力将针头垂直刺入肌肉，然后接上注射器，回抽针芯，如无回血，即可慢注入药液。选用胸部肌内注射时，一般应将苗注射到胸骨外侧 2～3 cm 处的肌肉，进针方向应与胸肌所在平面保持 30° 角。注意针头与胸部肌肉不要超过 30° 角，以免刺伤胸腔，伤及内脏。

5. 鼻内接种

鼻内接种是黏膜免疫途径的一种，已在兽用疫苗中应用多年，包括牛传染性鼻气管炎和副流感疫苗等。牛传染性鼻气管炎活疫苗经鼻内接种和肌肉接种能够产生同等水平的全身性细胞免疫和体液免疫应答，但是鼻内接种的动物在免疫后鼻内产生分泌性免疫球蛋白 A（IgA），且免疫反应启动更为迅速，在免疫后 24 h 内就可以检测到，另外，鼻内接种可以避免动物母源抗体干扰。

第七章

肉牛常见传染病防治技术

第一节　口蹄疫

一、概述

口蹄疫是由口蹄疫病毒引起的,以偶蹄动物口、鼻、蹄和雌性动物乳头等无毛部位发生水疱为特征的急性、热性、高度接触性传染病。口蹄疫病毒的感染性和致病力特别强,且可迅速远距离传播,感染发病率100%,病畜生产性能平均下降30%,种畜价值丧失,严重时新生幼畜死亡率达100%。该病对经济发展、国际贸易和社会稳定有重要影响。

二、临床症状

根据病毒毒株、感染剂量、牛只年龄和品种、免疫情况的不同,该病可表现出多种临床症状,从隐性感染或温和型感染到严重型,也可发生致死型,感染率100%,成年牛死亡率低（1%～5%）,幼年动物由于心肌炎死亡率高,达20%以上。口蹄疫发病初始,病牛出现精神抑郁、发热、流涎、跛行,特征性症状是口、鼻、蹄及乳房等无毛部位出现水疱,继而水疱破溃形成溃疡、结痂,痂块脱落后形成瘢痕。蹄冠损伤、蹄匣脱落引起跛行。由于病毒诱导的心肌炎,犊牛可能在水疱出现之前死亡。

三、传播特点

1. 传播途径

带毒动物成为传播者,可通过其唾液、乳汁、粪、尿、毛、皮、肉及内脏将病毒散播。被污染的圈舍、场地、草地、水源等成为重要的疫源地。病毒可通过接触、饮水和空气传播。鸟类、鼠类、猫、犬和昆虫均可传播此病。各种污染物品如工作服、鞋、饲喂工具、运输车、饲草、饲料、泔水等都可以传播病毒引起发病。

2. 易感动物

通常情况下,因为犊牛的抵抗能力和免疫能力相对较低,易感染该病,并且死亡率高。营养不良的牛感染率高,妊娠期的母牛易感染该病,流产的概率增大。

3. 流行特点。

潜伏周期为 2～3 d,并且发病急,抵抗力较强的牛只潜伏周期为 7～21 d。初生犊牛染病之后可能引发心肌炎。牛口蹄疫病一年四季均可发生,病毒对外界环境的适应能力较强,传播速度快,危害范围广。

四、实验室常用诊断方法

常用荧光定量 PCR、非结构蛋白 ELISA 抗体检测等诊断技术,前者是利用聚合酶链反应(PCR)技术,并通过荧光信号来量化目标 DNA 或 RNA 的方法;后者是通过酶联免疫吸附法来检测样本中的非结构蛋白抗体,通过酶标仪在特定波长下测量各孔的吸光值,从而判断样本中是否存在非结构蛋白抗体。

五、防控措施

预防是控制该病最重要的措施,发生口蹄疫的地区,首先要鉴定流行口蹄疫的血清型,其次选择同血清型的疫苗进行免疫。所用疫苗必须采用农业农村部批准使用的产品。根据我国养殖现状,使用免疫程序主要是对所有牛进行 O 型 –A 型二价灭活疫苗强制免疫。农业农村部推荐的牛免疫程序是春秋两次强制免疫,每次每头注射 1 头份;犊牛 90 日龄时,每头注射疫苗 0.5 头份,间隔 1 个月再注射一次强化免疫,每头注射疫苗 1 头份;能繁母牛在配种前 1 个月和配种后第 5～6 个月时各注射一次,每次每头注射 1 头份。

第二节 牛病毒性腹泻 – 黏膜病

一、概述

牛病毒性腹泻 – 黏膜病,由牛病毒性腹泻病毒引起的一种接触性传染病,影响多种反刍动物和猪。发病牛以发热、消化道黏膜糜烂、溃疡和坏死,胃肠炎和腹泻为主要特征,幼龄牛最易感染,症状包括发热、黏膜损伤、白细胞减少、持续感染、咳嗽,以及怀孕动物流产或生出畸形幼崽。该病对牛群的繁殖、呼吸、消化系统和产奶量有重大影响,导致经济损失。

二、临床症状

在临床上分为慢性型(即黏膜病)和急性型(病毒性腹泻病)。

黏膜病呈间歇腹泻，口鼻黏膜表面糜烂，舌面上皮坏死，流涎增多，呼气恶臭。趾间皮肤溃疡、糜烂，从而导致跛行。慢性病牛多无明显发热症状。急性病例多见于犊牛，表现高热，持续 2～3 d，有的呈双相热型；腹泻呈水样，粪带恶臭，含有黏液或血液；大量流涎、流泪，口腔黏膜和鼻黏膜糜烂或溃疡。母牛在妊娠期感染后常发生流产，或产下先天缺陷的犊牛，如眼瞎、小脑发育不全，患病犊牛表现轻度共济失调或不能站立。

三、传播特点

1. 传染源

患病动物和带毒动物是该病主要传染源。持续感染牛可终生带毒，病毒可随分泌物和排泄物排出体外，因而是该病传播的最重要传染源。该病还可以穿过胎盘感染，特别是怀孕早期。血清抗体阴性的母牛一旦感染，常常通过胎盘使胎儿产生免疫抑制，引起持续性病毒血症，如果小牛正常产出，病毒血症能持续地带入成年期，这种牛临床表现健康，血清中又无保护性抗体，但体内始终带毒，是牛群中最危险的传染源。

2. 传播途径

该病主要是经口感染，易感动物食入被污染的饲料，饮水而经消化道感染，也可由于吸入由病畜咳嗽、呼吸而排出的带毒的飞沫而感染。病毒可通过胎盘发生垂直感染。病毒血症期的公牛精液中也有大量病毒，可通过自然交配或人工授精而感染母牛。

3. 易感动物

自然发病病例仅见于奶牛、黄牛、水牛、牦牛，没有明显的种间差异。各种年龄的牛都有易感性，但 6～18 月龄的牛易感性较高，感染后更易发病。该病常发生于冬季和早春，舍饲和放牧牛都可发病。

四、实验室常用诊断方法

常用病毒抗原检测、分子生物学诊断等技术，其中病毒抗原检测方法有荧光定量PCR、胶体金技术等。前者是利用聚合酶链反应（PCR）技术，并通过荧光信号来量化目标DNA或RNA的方法，后者是利用胶体金颗粒作为标记物的免疫层析技术；分子生物学诊断有酶联免疫吸附测定法（ELISA），是通过预包被牛病毒性腹泻抗原的酶标板、酶标记物及其他配套试剂，来检测牛血清、血浆样本中牛病毒性腹泻抗体。

五、防控措施

以预防为主，健全完善牛病毒性腹泻检测体系，加强检测牛群及牛源生物制品的牛病毒性腹泻病毒污染情况；排除掉持续性感染牛等隐性感染动物；加强环境监控，在饲养环节加强管理，建立封闭式牧场管理系统，不进行混合饲养；实施免疫预防，过渡到捕杀根除程序。

第三节 牛传染性鼻气管炎

一、概述

牛传染性鼻气管炎又称为"坏死性鼻炎"或"红鼻病"，是由牛疱疹病毒 1 型（BoHV-1）引发的急性传染病，临床以发热、咳嗽、流鼻液和呼吸困难为特征，有时发生流产。感染该病后育肥牛群增重减缓，奶牛产奶量减少甚至停乳，给养牛业造成巨大的经济损失。

二、临床症状

牛传染性鼻气管炎病毒的潜伏期通常为 4 ~ 7 d，但也可能短至 1 ~ 3 d 或长达 20 d 以上。根据不同的临床表现，牛传染性鼻气管炎可分为多种类型，包括呼吸道型、生殖道型、脑膜脑炎型、眼炎型和流产不孕型。

1. 呼吸道型

呼吸道型是最常见的临床表现，尤其在低气温季节更为多发。病初，病牛体温骤升至 39.5 ~ 42 ℃，表现为极度沉郁、食欲下降，鼻黏膜红肿并伴有轻微溃疡，鼻孔分泌大量黏液分泌物。由于黏液分泌物堵塞鼻腔，病牛常呼吸困难，甚至张口呼吸，并伴有结膜炎和流泪。严重时，病牛的呼气带有臭味，呼吸频率增加，可听到深部支气管性咳嗽。

2. 生殖道型

主要通过交配传播，雌性和雄性牛群均有感染风险。母牛感染后，除发热、沉郁、食欲减少等一般症状外，主要表现为阴道发炎，阴道底面和外阴可见黏稠、无臭的黏液。阴门黏膜上出现小的白色病灶，逐渐发展为脓疱，脓疱破裂后形成坏死膜，膜下为发红的表皮。病程通常持续 10 ~ 14 d。公牛感染时，潜伏期较短，一般为 2 ~ 3 d。轻症病例仅表现为生殖道黏膜充血，1 ~ 2 d 后即可恢复；重症病例则在包皮和阴茎上出现脓疱，并伴有包皮肿胀和水肿。

3. 脑膜脑炎型

脑膜脑炎型多见于 3 ~ 6 月龄的犊牛，病牛体温超过 40 ℃，随即出现明显的神经症状，如精神波动大、惊厥、倒地、磨牙、角弓反张和四肢抽搐等，病程急促，大多在发病后 2～7 d 内死亡。

4. 眼结膜炎型

通常无明显的全身症状，偶尔与呼吸道型并发。主要表现为角膜结膜炎，特征为结膜肿胀，可能形成颗粒状的灰白色坏死层，角膜略显浑浊但无溃疡。眼部和鼻腔会排出浆液性或黏液性分泌物，致死率较低。

5. 流产不孕型

流产不孕型通常是由于病毒通过气体媒介感染呼吸道，继而通过体液传播至胎儿。胎儿感染后，病情迅速发展，7～10 d 内夭折，随后在 24～48 h 内排出。

上述症状往往不同程度地同时存在，很少单独发生。

三、传播特点

1. 传染源

病牛和带毒牛为主要传染源。病毒也可通过胎盘侵入胎儿引起流产。当存在应激因素（如长途运输、过于拥挤、分娩和饲养环境发生剧烈变化）时，潜伏于三叉神经节和腰、荐神经节中的病毒可以活化，并出现于鼻汁与阴道分泌物中，因此带毒牛往往是最危险的传染源。

2. 传播途径

该病需密切接触，通过空气经呼吸道传染，尤其是通过交配、舔舐等，也可经胎盘传染，病毒可通过持续感染代代相传，既可周期性排毒，也可垂直感染。

3. 易感动物

该病以肉牛较为多见，牛群发病有时高达 75%，其中又以 20～60 日龄的犊牛最为易感，病死率也较高。

四、实验室常用诊断方法

常用分子生物学诊断技术、血清学等诊断技术，其中分子生物学诊断有 ELISA 检测法，是利用抗原或抗体包被于固相载体上，通过酶标记的抗体与样本中的抗体或抗原发生特异性结合，再通过酶催化底物产生有色产物，根据有色产物的深浅来判断样本中是否存在牛传染性鼻气管炎病毒的抗体或抗原；血清学诊断有病毒中和试验，通过测量病毒的感染力，并比较病毒在免疫血清中被中和后的残存感染力，来判定免疫血清中和病毒的能力。

五、防控措施

该病属于病毒性疾病，目前暂无特效治疗药物，主要通过加强饲养管理、引种检疫、疫苗免疫预防、监测并结合剔除阳性牛等综合性措施进行控制。接种疫苗可在一定程度上明显降低疾病的发病率，但不能阻止野毒株感染动物，也不能阻止隐性带毒牛向外界排毒。因此，从源头上防控牛传染性鼻气管炎病是最重要的。在引种前严格检疫，并且定期进行血清学等检查，淘汰阳性牛。

第四节 牛结节性皮肤病

一、概述

牛结节性皮肤病（Lumpy skin disease，LSD）是一种由痘病毒科的结节性皮肤病病毒导致的牛传染性疾病。发病病牛体温可升高至41℃，伴有鼻炎、结膜炎和角膜炎。感染后4～12 d，牛体表会出现直径1～5 cm的痛感结节，尤其在头部、颈部、胸部、会阴、乳房和四肢明显。临床以皮肤出现结节为特征，该病不传染人，不是人畜共患病。

二、临床症状

该病的病畜临床表现差异很大，跟动物的健康状况和感染的病毒量有关。易感动物体温升高达41℃，持续1～2周，牛精神萎靡不振、淋巴结肿大，眼睛出现结膜炎，有分泌物。病牛的口腔、鼻腔黏膜发生溃疡性病变，流涎。随着病情的发展，病牛的头颈、四肢、乳房、生殖器等部位的皮肤结节增多。严重时皮肤结节部位破溃，结痂后，伤口不愈合，还会重新破溃，导致结痂部位的皮肤增厚。妊娠母牛患病，容易导致流产。公牛患病，除了在生殖器附近出现皮肤结节，还会引起睾丸炎，导致睾丸萎缩，严重时还会导致公牛不育。

三、传播特点

全球流行趋势显示，牛结节性皮肤病正从非洲向中东和欧洲扩散，对我国构成了防控挑战。2018年，东欧国家出现疫情。2019年，LSD传入我国新疆并首次发现病例，随后在7个省份发现8个病例，共156头牛感染，7头牛死亡，病例遍及我国东西部及台湾省。这对我国牛养殖业构成重大威胁。

1. 传染源

该病传染源主要为感染牛结节性皮肤病病毒的牛。感染牛和发病牛的皮肤结节、唾液、精液等都含有病毒。

2. 传播途径

主要通过昆虫（蚊、蝇、蠓等）叮咬传播，也可通过饮水、饲料或直接接触传播。

3. 易感动物

牛结节性皮肤病病毒的自然宿主主要是牛，各种品种的牛均易感，研究表明，不同品种牛对结节性皮肤病的易感性差别较大，如杂交品种牛的结节性皮肤病发病率、死亡率均较高，地方瘤牛品种则较低。

四、实验室常用诊断方法

荧光定量RT-PCR、血清学检测等技术诊断，前者是利用聚合酶链反应（PCR）技术，并通过荧光信号来量化目标DNA或RNA的方法。血清学检测主要有病毒中和实验、琼脂糖凝胶免疫扩散实验及酶联免疫吸附测定法，其中病毒中和实验通过检测抗体与病毒结合后能否阻止病毒感染宿主细胞，从而判断抗体的中和能力；琼脂糖凝胶免疫扩散实验是将含有抗体的样品和含有抗原的样品分别加入琼脂糖凝胶的孔中，然后让它们在凝胶中自由扩散。如果样品中含有相应的抗体或抗原，它们会在凝胶中相遇并形成可见的沉淀线。

五、防控措施

目前无特效药，应以预防为主。建立免疫隔离带，严格控制疫区牛只和产品流动，禁止进口风险国家的牛只和产品，对非法入境的牛只和产品依法处理。确诊牛只应立即扑杀，并对病死牛只及产品进行无害化处理,同时隔离监测同群牛。消灭吸血昆虫,监测养殖和屠宰场所,评估感染风险。加强检疫监管,实行申报制度,防止疫病传播。定期排查牛场,早发现、早报告、早处理,防止疫情扩散。执行环境消毒和免疫措施。疫苗接种可采用"异源"活弱毒疫苗进行预防接种,即"异源"绵羊痘或山羊痘病毒减毒活疫苗毒株。

第五节　牛流行热

一、概述

牛流行热又称牛暂时热、三日热、僵硬病、牛登革热等,是一种急性传染病,由牛流行热病毒引起。其特征为突然高热,呼吸促迫,流泪和消化器官的严重卡他炎症和运动障碍。感染该病的大部分病牛经 2～3 d 即恢复正常,故又称三日热或暂时热。该病在非洲、亚洲和大洋洲等地流行,导致部分病牛瘫痪被淘汰。牛流行热病毒属于弹状病毒科,为单链负 RNA 病毒,外形呈子弹状或圆锥形,具有囊膜。该病毒能在牛肾、睾丸及胎肾细胞中繁殖,主要存在于病牛血液中。病毒对热敏感,易被消毒药物杀灭。在发热期,病毒主要分布于病牛的血液、呼吸道分泌物及粪便中。

二、临床症状

牛流行热潜伏期 3～7 d,主要症状为突发高热,体温可达 40～42 ℃。病牛可能表现出双相或三相发热,持续时间最长 24 h。胃肠型病牛会表现出精神不振、流涕、流涎、腹痛、站立困难等症状,初期便秘后腹泻,排出带黏液的黑色粪便。瘫痪型病牛则有运动障碍,易摔倒,严重时呼吸微弱,四肢伸直,类似死亡状态。

三、传播特点

1. 传染源

病牛和带毒牛是该病的主要传染源。

2. 传播途径

通常认为,该病多经呼吸道感染。此外,吸血昆虫的叮咬,以及与病畜接触的人和用具的机械传播也是可能的。

3. 易感动物

该病主要侵害牛,黄牛、奶牛、水牛均可感染发病。以3～5岁壮年牛、奶牛、黄牛易感性最强,水牛和犊牛发病较少。

四、实验室常用诊断方法

最常用的是RT-PCR,多选择G蛋白基因作为检测靶标,利用分子生物学诊断方法可从牛高热期血液中扩增到牛流行热病毒G蛋白特异的核酸片段;也可采用"双份血清"进行中和试验,如果血清抗体效价增加4倍或4倍以上即可做出诊断或采用补体结合试验进行检测。

五、预防措施

为防控牛流行热,需监测疫情并采取预防措施。在易发区,除了人工免疫接种,还应保持环境清洁、加强消毒,并消灭吸血昆虫。一旦发现病例,应隔离病牛并及时治疗,同时对健康及潜在受威胁牛群进行紧急预防接种。

第六节 布鲁氏菌病

一、概述

布鲁氏菌病，简称布病，是全球性的人兽共患病，由布鲁氏菌引起。布鲁氏菌是一种革兰氏阴性短小杆菌。布鲁氏菌属有 6 个种 19 个型，主要由羊种、牛种和猪种布鲁氏菌引起，主要通过皮肤、消化道和呼吸道传播，接触被污染的动物及其产品也是主要感染途径。感染家畜可导致流产、器官肿大等症状，对畜牧业造成损失。人类感染后会出现发热、关节痛等症状，对健康和公共卫生构成威胁。该病是《中华人民共和国传染病防治法》规定的 35 种法定传染病中的乙类传染病及我国《中华人民共和国职业病防治法》中规定的细菌性职业病之一。

二、临床症状

发病的潜伏期为 2 周至 6 个月，未怀孕的母牛感染布鲁氏杆菌通常无临床症状。怀孕母牛感染牛种布鲁氏杆菌后，会引发胎盘炎，常导致怀孕后 5～9 个月内流产，在胎盘、胎液和阴道排泄物中也有大量病原。乳腺可被感染，并经乳汁排菌。急性感染时，大多数体表淋巴结都有细菌。成年公牛可发生睾丸炎。因此，布鲁氏杆菌是引起家畜不孕的一个重要原因。

三、传播特点

1. 传染源

该病的传染源是病牛及带菌牛,尤其是被感染的妊娠母牛,在流产或分娩时将大量布鲁氏菌随着胎水和胎衣排出。流产后的阴道分泌物和乳汁中都含有布鲁氏菌。布鲁氏菌感染的睾丸和精囊中也有布鲁氏菌存在。

2. 传播途径

该病主要经过消化道、呼吸道感染,此外也可经吸入或经皮肤、结膜、交配等接触感染,其中皮肤传播速度最快,吸血昆虫也可传播该病。

3. 易感动物

牛的易感性随性成熟年龄接近而增高。牛布鲁氏菌对黄牛、水牛、牦牛、马的致病力较强;牛型、羊型和猪型三种布鲁氏菌对人均能感染,但以羊布鲁氏菌感染后病情较重,猪型次之,牛型最轻。母畜较公畜易感,幼畜对该病具有抵抗力,随着年龄增长,这种抵抗力逐渐减弱,性成熟后对该病最为易感。

四、诊断方法

该病的诊断方法有虎红平板凝集实验、补体结合试验(CFT)、酶联免疫吸附实验(ELISA)、荧光偏振试验(FPA)、胶体金试验及分子生物学方法。

五、防控措施

严格按照《布鲁氏菌病防治技术规范》要求实施。该病的传播途径多，在防控工作中必须采取综合性防控措施，尽早发现病畜，彻底消灭传染源和切断传播途径，防止疫情扩散。

没有该病的牛场，应通过严格的牛只检疫防止带菌牛被调入该场，加强牛群的各项保护措施，坚持自繁自养，减少外调牛只，加强检疫，防患于未然。发生该病的牛群，要采取行之有效的措施控制其流行，对牛群每隔2～3个月进行一次检疫，检出的阳性牛及时淘汰，直至全群牛只获得2次以上阴性结果为止。如果牛群经检疫后阳性率较高，则可用菌苗进行预防接种。

第七节 炭 疽

一、概述

炭疽病俗称"飞疗"，属于人畜共患疾病的一种急性、热性、败血性传染病，炭疽是由炭疽芽孢杆菌引起的传染病，主要影响食草动物如牛、驴、马，也影响人类。该病被世界动物卫生组织和中国列为法定报告疫病。炭疽全年可发，但7—9月为高峰期。传播途径包括消化道、受伤皮肤和吸血昆虫叮咬。临床上以突然高热和死亡，可视黏膜发绀，皮肤坏死、溃疡，天然孔流出煤焦油样血液为特征。

二、临床症状

炭疽病在临床诊断中分为最急性、急性、亚急性三种类型。最急性型病牛初期突然发病，体温升高，呼吸急促，半天内死亡。急性型病牛体温超过41℃，呼吸困难，食欲减退，产奶量下降，多数妊娠母牛流产，可能极度兴奋后转为沉郁，最终休克死亡。亚急性型病牛皮肤松软处出现炭疽痈，初期有热痛感，后期坏死或溃疡，部分病牛咽喉肿胀，呼吸困难，一般2～4 d内死亡，少数可延长至1～3个月。病死动物尸体腐败迅速，血液不能凝固，器官呈出血性坏死。

三、传播特点

1. 传播途径

该病主要以消化道感染为主，通过损伤的皮肤和经呼吸道吸入带有炭疽芽孢的空气和尘埃也可感染。该病的传播方式较多，主要借助于尸肉和饲料、牛只调运、皮毛等工业原料和工业废弃物传播，也可经吸血昆虫和食腐的鸟类传播。人类炭疽以接触感染为主，与污染的畜产品、土壤和用具接触而感染较多见，呼吸道感染多见于毛皮厂，消化道感染常因进食未煮熟的病畜肉类、奶或污染的食物所致。吸血昆虫叮咬病畜后再叮咬人群也可引起感染，但不多见。

2. 易感动物

各个品种牛均易感；人的易感性仅次于草食动物。肉食动物和杂食动物也有易感性。猪、犬、猫易感性最低，家禽一般不感染。在野生动物中，野牛、羚羊最易感，角马、象、长颈鹿、河马也可感染发病。鸟类一般不引起感染。肉食和杂食动物如狼、狐、豹、狮、虎、山猫、熊等常因吞食动物尸体而感染发病。

3. 流行特点

牛炭疽病发病时间最常见的就是夏天。主要传播途径就是病牛或者带有炭疽杆菌的牛，患病牛的脏器、血液、皮肤甚至是排泄物都可能携带病菌。这种病症发病时间较短，可以通过呼吸道、消化道等进入肺部，此外肺部的芽孢灰层也可以传播病毒，病牛的尸体和排泄物都有可能成为芽孢，对外部环境造成污染，最终会成为长久的传染源。

四、实验室常用诊断方法

实验室诊断包括显微镜观察、血清学试验和分子生物学试验，其中 PCR 检测方法敏感且快速。由于炭疽杆菌是一种烈性传染病病原体，其检测实验室需经过严格的认证和审批，操作人员也需经过专业培训，严格遵守操作规程和安全防护要求，以确保检测工作安全、准确地进行。

五、防控措施

在疫区或 2～3 年内发生过该病的地区，每年春季或秋季对易感牛只进行一次预防注射，常用的疫苗是无毒炭疽芽孢苗，接种 14 d 后产生免疫力，免疫期为一年。另外，限制人员、车辆和动物进入养殖场，并进行消毒。禁止从疫区调运动物，非疫区动物需检疫并隔离观察。发现异常死亡或出现病症的牛，应立即隔离，禁止宰杀、食用、出售或转运，并及时上报有关部门。从业人员应穿戴防护装备并注意个人卫生。发现炭疽病后，立即上报并封锁发病场所，实施防疫措施。禁止就地解剖病牛。对病牛接触过的区域进行严格消毒。污染物品应焚烧或深埋，深埋深度不得少于 2.5 m，并撒漂白粉。车辆和工具用 10% 福尔马林消毒。

第八节 牛结核病

一、概述

牛结核病是由牛型结核分枝杆菌引起的传染病，包括肺结核、淋巴结核等类型，被归为二类动物疫病。患病牛表现为贫血、消瘦和生产力下降。牛分枝杆菌是放线菌门的成员，广泛分布于自然界，是多种动物的病原体，因含有特殊的糖脂成分，不易被革兰氏染色。由于人类与牛的紧密接触，超过 10% 的人类结核感染是由牛分枝杆菌引起的，且牛结核和人类结核可互相传染。

二、临床症状

该病潜伏期一般为 10～15 d，有时达数月以上。病程呈慢性经过，表现为进行性消瘦、咳嗽、呼吸困难，体温一般正常。因病菌侵入机体后，由于毒力、机体抵抗力和受害器官不同，症状亦不一样。在牛中该菌多侵害肺、乳房、肠和淋巴结等。

1. 肺结核

肺结核是牛结核病中最为常见的病型，具有明显的临床症状。病牛通常首先表现为短咳和干咳，随着病情的发展，咳嗽症状逐渐加重，转变为湿咳。病牛的呼吸次数增加，鼻腔可能流出脓性分泌物。通过肺部听诊，可以听到摩擦音，而在叩诊时会发出浊音。病牛还会出现贫血，越来越消瘦。如果是哺乳期的母牛，患病后产奶量会明显减少。

2. 乳腺结核

患乳腺结核的病牛,乳腺逐渐肿胀,出现结节,乳汁浑浊且伴有絮状物或凝乳块,严重的可能停止泌乳。

3. 淋巴结核

不是一个独立病型,各种结核病的附近淋巴结都可能发生病变。淋巴结肿大,无热痛,常见于下颌、咽颈及腹股沟等淋巴结。

4. 肠结核

多见于犊牛,以便秘与下痢交替出现或顽固性下痢为特征。

5. 神经结核

病牛的脑部、脑膜等部位形成干酪样结核,病牛会出现明显的运动障碍、癫痫等一系列的神经性症状。

三、传播特点

1. 传染源

病牛和病人,特别是开放型病畜是主要传染源,其粪尿、乳汁、生殖道分泌物及痰液中均含有病菌,随污染饲料、饮水、空气和环境而传播蔓延。

2. 传播途径

该病主要通过呼吸道和消化道感染,也可通过交配感染,饲草饲料或乳汁巴氏灭菌不彻底均可经消化道途径感染,成年牛多是与病牛、病人直接接触而感染。

3. 易感动物

主要侵害牛,也可感染人、灵长类动物、绵羊、山羊、猪及犬、猫等肉食动物,其中以奶牛的易感性最高,病人与牛互相感染的现象在该病的防治中要做重点考虑。

四、实验室诊断方法

牛结核病实验室诊断包括显微镜检查、核酸检测方法、结核菌素试验、γ-干扰素诊断法（IFNγ）。

五、预防措施

严格按照《牛结核病防治技术规范》要求实施。每年对全群牛只进行多次反复的普检，淘汰变态反应阳性牛只。通常牛群每隔3个月进行一次检疫，连续3次检疫均为阴性者确认为健康牛群，检出的阳性牛应及时淘汰处理，同圈病牛也需隔离，通过持续监测检疫和隔离观察，剔除病牛，确保牛群健康。坚持自繁自养，新牛只需隔离30 d后无病方可混群。定期使用消毒剂彻底消毒牛舍和牧场，特别注意饲养工具的消毒。优化饲养管理，确保饮水清洁、营养均衡、环境适宜，减少应激，提升牛群健康水平，预防牛结核病。牛结核病防控应以预防为主，综合措施提升防控效果，保障养牛业健康发展。

第九节 牛支原体肺炎

一、概述

牛支原体是柔膜体纲、支原体目、支原体科、支原体属的原核生物，是一种能引起牛肺炎、乳房炎和关节炎等疾病的病原微生物。常与多杀性巴氏杆菌和溶血曼海姆氏菌等混合感染，给养牛业造成严重的经济损失。

二、临床症状

1. 慢性型

在临床上并没有表现出显著的症状。部分病牛会出现明显的咳嗽等相关症状，整体上呈现一个隐性感染状态。但是整体体质受到了影响，在受到其他类型病原体的感染以及影响之下，则会出现发病的症状。

2. 急性型

此类型病牛在临床上会出现不同程度的体温升高，咳嗽等相对较为明显的症状，同时部分病牛会伴随着浆液性鼻液的变化，多数病牛会呈现精神萎靡等不同程度的问题。同时在发病 2～3 d 则会出现红棕色的鼻液，严重时伴随着脓性的鼻液体，同时会在鼻腔周围附着，形成污垢、眼睑肿胀等变化，含有大量的黏脓性分泌物，在濒临死亡的时候，体温则会快速下降，并逐渐降低到正常温度之下。此类疾病的病程大概 7～10 d，在此阶段中如果没有出现死亡，则病牛会转化为慢性疾病。

3. 最急性型

属于少见的临床类型，病初体温升高 40.5～41.7 ℃，精神沉郁，食欲废绝，呼吸急促，咳嗽，并流浆液性带血液的鼻液，呈铁锈红色。肺部叩诊出现浊音，听诊肺泡呼吸音呈捻发音。随着病程加重病犊牛卧地不起，呼吸极度困难，全身颤抖，可视黏膜发绀。目光呆滞，有痛苦的呻吟声，死亡较快。病程 2～3 d，有些急性病例病程仅 1 d 左右。

三、传播特点

1. 传播途径

主要传播途径是气溶胶传播。牛支原体从病牛的肺部释放到空气后，能够在空气中长久存活，当健康牛只吸入带有牛支原体的气溶胶后，即被感染。此外，牛只之间的密切接触、健康牛只接触到患病牛只的粪便和分泌物后均有可能感染牛支原体肺炎。

2. 易感动物

牛支原体在水牛、奶牛、肉牛以及野牛群体中均广泛传播，能够感染所有年龄阶段的牛，由于犊牛免疫系统尚未成熟，因此对犊牛的危害最为严重。

3. 流行特点

处于生长期的肉牛较易感染肺炎支原体，这类呼吸道疾病具有季节性流行特征。在牛群中，支原体肺炎传播速度通常较快，可迅速演变成严重的流行病。这不仅对牛群的健康构成威胁，还会给养殖业带来较大的经济损失。

四、实验室常用诊断方法

目前主要的实验室诊断方法有病原的分离鉴定、分子生物学方法和免疫学方法。其中分子生物学方法主要包括聚合酶链式反应、等温扩增技术、DNA 微阵列技术、遗传鉴定；免疫学方法主要包括免疫组织化学技术（IHC）和酶联免疫吸附实验。

五、预防措施

确保引种安全，实施检疫，禁止疫区牛流入。引种后隔离饲喂，无病后才可合养。实行封闭管理，严格消毒，控制人员车辆进出。加强观察，发现疫情立即封锁隔离治疗，重症病牛捕杀并处理。加强环境消毒，每天对牛场全面消毒，处理排泄物和污染物，阻断疾病传播。科学喂料，定期通风光照，保持环境清洁，注意牛群密度，科学划分饲养区。根据需求更换料草，保证营养充足，增强抵抗力。早发现早治疗，及时诊断治疗，隔离病牛，检查疑似病例，控制疾病传播。确诊后，药物治疗包括补液、利尿、强心类药物，注射治疗可选用高敏抗生素。恩诺沙星注射液需按特定浓度配制，以肌内注射方式给药，根据牛只体重确定合适剂量，每日注射2次，连续注射3 d。同时，将一定量的多西环素和替米考星粉剂按适当比例添加到患病牛饲料中，经过7 d左右的治疗，可有效缓解病情。

第十节 副结核病

一、概述

副结核病是由副结核分枝杆菌引起的以顽固性腹泻、渐进性消瘦、肠黏膜增厚并形成皱褶为特征的人与牛羊等共患的慢性消化道疾病。该病无明显的季节性，一年四季均可发生，以春秋两季多发，世界动物卫生组织（OIE）将其列为必须报告的动物疫病，我国将其列为二类动物疫病。

二、临床症状

该病为典型的慢性传染病,潜伏期长,达 6～12 个月,甚至数年。以体温不升高、顽固性腹泻、高度消瘦为临床特征。起初是间歇性下痢,后发展到经常性顽固性下痢。粪便稀薄恶臭、带泡沫、黏液或血凝块。食欲起初正常,精神也良好,之后食欲有所减退,随着病程的进展,病畜消瘦,眼窝下陷,经常躺卧,泌乳减少,营养高度不良,皮肤粗糙,被毛松乱,下颌可见水肿,最后因全身衰竭死亡。

三、传播特点

1. 传染源

病牛和带菌牛是最重要的传染源。

2. 传播途径

病畜主要通过粪便、尿液和乳汁大量排出病原菌,污染牛舍、饲料、饮水和牧场,经消化道感染,也可经子宫内感染。

3. 易感动物

牛、羊、骆驼及鹿对该病均易感,奶牛最易发病,乳牛尤其是 6 月龄以内的犊牛最易感。但因潜伏期长,牛只多在 2～5 岁才出现症状,特别当牛怀孕、分娩或泌乳时易出现症状。

四、实验室诊断

该病的诊断主要包括细菌学检查、血清学检查以及变态反应等。ELISA 是近几年较为广泛使用的方法,相比于补体结合试验(CFT)

具有更好的敏感性和特异性，且二者配合检测可使检出率明显升高，加之操作简单，适合在大规模检疫中应用。

五、预防措施

在该病暴发的地区，必须按时对牛群进行定期检疫，对于感染发病且经济价值低下的牛立即采取淘汰处理。同时，对牛栏、牛舍以及牧场要进行全面消毒，及时清除污染的垫草以及粪尿。由于该菌具有较强的抵抗外界环境的能力，牛舍消毒后需要空置至少1年才可再次使用。对于具有较高经济价值的病牛，要采取隔离治疗，同时供给品质优良的青草，并补充适量的矿物质，提高机体免疫力，加速恢复。预防该病的疫苗主要包括弱毒疫苗、灭活苗，但要注意牛接种疫苗后无法彻底保护其不感染发病，且少数会由于接种弱毒苗而引起感染。禁止到疫区引进牛，且引种牛必须经过严格检疫和隔离观察，确认健康无病后才可混群。该病的发生与牛营养状况紧密相关，因此要给牛群饲喂营养丰富的饲料，保持牛舍干燥、干净卫生以及通风良好，坚持适量运动，增加阳光照射，提供足够的食盐及磷酸氢钙，确保饮水卫生，提高机体抵抗力。

第十一节　出血性败血症

一、概述

牛出血性败血症又称为牛巴氏杆菌病，简称牛出败，是由多杀性巴氏杆菌引起的一种急性、热性传染病，该病多呈散发或地方性流行，对养牛业危害严重。

二、临床症状

该病潜伏期为 2～5 d，临床上主要有败血型、浮肿型和肺炎型。

1. 败血型

是牛出血性败血症最常见的类型，主要发生于幼龄牛和体弱牛。病牛突然发病，体温迅速升高至 41～42 ℃，表现出精神沉郁、食欲废绝及反刍停止。鼻镜干燥，呼吸困难，脉搏加快，可视黏膜发绀，常见出血点。早期病牛通常表现为便秘，病程后期则出现腹泻，粪便中带有血液和黏液。该类型病程短，通常在 1～2 d 内死亡。

2. 浮肿型

多见于水牛与犊牛。除表现全身症状外，病牛头、颈、咽喉及胸前部的皮下结缔组织出现炎性水肿，手指按压初热、硬、痛；后变凉，疼痛也减轻，舌及周围组织高度肿胀，流涎，呼吸困难，眼红肿，流泪，黏膜发绀，常因窒息和下痢而死，病程多为 12～36 h。

3. 肺炎型

肺炎型主要表现为纤维素性胸膜炎的症状。病牛体温升高，伴有咳嗽和呼吸困难，并常发出痛苦的呻吟声。胸部听诊可听到啰音和摩擦音。鼻腔流出脓性分泌物，有时混有血液。该类型病程较长，通常持续 1～2 周。如果不及时治疗，病牛可能因呼吸衰竭而死亡。

三、传播特点

1. 传染源

带菌牛是主要传染源。病牛的分泌物、排泄物及污染的饲料、饮水、用具和外界环境均含有病菌。

2. 传播途径

病菌通过消化道传染于健康牛。或由咳嗽、喷嚏排出病菌，通过飞沫经呼吸道传染。吸血昆虫媒介和皮肤黏膜的伤口也可发生传染。牛群不良环境下，由于受冷、拥挤、闷热、圈舍通风不良、营养缺乏、饲料突变、寄生虫病等诱因，机体抵抗力降低时即可致病。

3. 易感动物

水牛比黄牛易感，奶牛也易感，在地方性流行区，老龄牛和青年牛常见死亡，呈现高发病率和死亡率趋势。

四、实验室常用诊断方法

实验室常用ELISA、间接血凝试验（IHA）等方法检测病牛血清中的抗体水平，这些方法可以用于流行病学调查和疾病监测；分子生物学则采用PCR技术检测病料中的多杀性巴氏杆菌特异性基因片段。

五、预防措施

牛舍应建于干燥、通风良好且地势较高的区域，避免潮湿和积水。牛舍应保持清洁卫生，定期清理粪便和垫料，减少病原菌滋生的环境。合理控制饲养密度，避免过度拥挤，防止因接触频繁而增加疾病传播的风险。目前，主要使用牛巴氏杆菌弱毒菌苗或死菌苗两种作为预防疫苗，牛通常在接种菌苗14 d后出现免疫效果，能够持续保护6～9个月。在疫病流行地区，要在每年春冬季节分别进行1次免疫接种，如有需要可使用血清进行紧急预防接种。

第八章
粪污安全管理技术

第一节　粪污收集

粪污主要指粪、尿排泄物及其与冲洗水形成的混合物。根据《第一次全国污染源普查畜禽养殖业源产排污系数手册》畜禽养殖产污系数表，成年肉牛（华北地区）产污量为：粪便量 15.01 kg/（头·d），尿液量 7.09 kg/（头·d），远大于其他类畜禽。加之养殖场日常管理产生的大量污水，若不能及时处理，将会对水体、土壤和大气造成污染，同时具有生物风险。肉牛舍的粪污收集技术关键在于肉牛的饲养方式，常见的饲养方式包括拴系式、散栏式和放牧舍饲相联合等，粪污收集方式一般有水冲粪和干清粪，清粪工艺对粪污后续的处理技术选择具有较大影响。

一、水冲粪

20 世纪 80 年代，水冲粪由养猪业从国外引进，自动化程度高，使用高压喷枪等具有强压力的设备冲洗舍内，粪污通过粪沟流入集污池。采用此技术的养殖场需配有足够的水量、齐全的配套处理系统、水位提升装置、适宜的养殖场坡度、粪污输送管道设施和污水处理系统等。一般在养殖场使用漏缝地板时采用该工艺，通常由漏缝地板、粪沟和集污池组成。

1. 漏缝地板

牛将固体粪便踩入沟内，剩余的少量粪便用水冲洗，粪污掉落至地面上，液体粪污经缝隙流入粪沟。肉牛场漏缝地板材质多为混凝土，板条长 10～12 cm，缝隙宽度为 4～4.5 cm。

2. 粪沟

深度由漏缝地板的宽度而定，一般为 0.7～0.8 m；向粪水池倾斜 0.5%～1.0% 的坡度。

3. 集污池

分为地下、半地下和地上式三种。在牛床和通道之间建设集污池，要求防渗和壁面光滑，沟宽 30～40 cm，深 10～12 cm，纵向排水要求 1%～2% 的坡度。

首先，水冲粪工艺可及时清除粪污，保持舍内环境卫生，减少劳动力投入，省时省力效率高。但占地面积大、基础设施投资和运行费用多，并且对动力装置的要求较高。其次，水冲粪易造成舍内空气湿度升高、地面卫生状况恶化等问题，同时漏缝地板下不便消毒，不利于舍内疾病传播控制。再次，污水的产生量和有机污染物浓度是各类清粪方式中最大，后续处理难度大，污水处理投资一般达到肉牛场投资的 40% 以上；经固液分离后的固体粪便养分含量低、肥效差，不利于后续资源化利用。为减少污水产生，生产中可采用循环用水，但可能导致疫病交叉感染。该技术多在水源充足、气温较高的南方地区使用；寒冷地区舍内地面易结冰，排污管道易上冻，不宜采用。根据农业农村部办公厅 2018 年 1 月印发的《畜禽规模养殖场粪污资源化利用设施建设规范》，最高允许排水量按照《畜禽养殖业污染物排放标准》（GB 18596—2001）执行，即集约化肉牛养殖场水冲工艺冬季和夏季最高允许排水量分别为 20 m^3/（百头·d）和 30 m^3/（百头·d），并鼓励水冲粪工艺改造为干清粪。

二、干清粪

干清粪是粪便一经产生就借助人工或机械将其收集清理出舍，

尿液、残余粪便和冲洗水从排污管道流出的清粪方式。当粪便与垫料混合或舍内有排尿沟可实现粪尿分离时，粪便呈半干状态，可较好保障舍内干净卫生，减少异味，是我国主要倡导的一种清粪方式；该工艺有效将粪污分离为固态粪便和液态污水，水资源使用量可减少 50%～75%，由于干清粪的清粪工艺，粪不进入污水中，从而可极大减少污水中化学需氧量（COD）、生物需氧量（BOD）、悬浮物（SS）和氨氮（NH_3-N）等污染物含量，同时减少甲烷等温室气体排放，从源头减少污染物产生；此外，该技术可保留干粪中大部分的养分，有利于粪污后续的处理和利用。

新改（扩）建养殖场应使用干清粪工艺，现使用水冲粪和水泡粪工艺的养殖场宜逐渐改成干清粪工艺。目前，我国 31 个省（区、市）和新疆生产建设兵团的畜牧大县肉牛规模养殖场基本采用干清粪工艺。养殖场根据规模情况，可选择人工或者机械方式。

1. 人工清粪

工人使用铁锹、铲板和扫帚等清扫工具将舍内粪便清扫收集，人力装车运至固定地点。工人定期对舍内水泥地面上的牛粪进行清理，尿液和冲洗污水通过牛舍两侧的排尿沟排入贮存池。人工清粪具有简单灵活、节约水、投资少和无能耗等优点；但工人劳动强度大、工作环境差、生产效率低。小规模牛场普遍采用这种方式，但是由于劳动力成本的增加，有被机械清粪取代的趋势。

2. 机械清粪

利用专门的机械设备进行清理，主要涉及有电动或机动铲车、地上轨道车、牵引刮板等机械，具有清理效率高、人工成本低等优势；但一次性投资大、维护费用高、运行时噪声大，适用于大中型养殖场。机械清粪一般在牛舍中设置污水排出系统，液态粪污经排水系统进入粪水池贮存，固态粪污借助机械运送到固定地点。这种排水系统由排尿沟、降口、地下排出管和粪水池组成。

（1）排尿沟。布局在牛床后端，要求防渗，沟的宽度一般为32～35 cm，沟底需设置0.5%～1.5%的纵向排水坡度，同时设置深度为5～8 cm的明沟（应考虑采用铁锹放进沟内进行清理）。牛床向排尿沟倾斜1.5%～2.5%的坡度。

（2）降口。常称为水漏，承接排尿沟和地下排水管，深度不大于15 cm。为避免掉落的粪草堵塞降口，上面应装有与排尿沟同高的铁篦子。

（3）地下排水管。与粪水池设置3%～5%的坡度，以便降口流下的尿液和污水排入粪水池内。如果粪水池与牛舍的距离较远，舍外应设检查井，排水管坡度在0.5%～1.5%即可。

（4）粪水池。采用防透水材料建造，布局在距牛舍外不小于5 m且地势较低的位置，容积根据饲养头数和贮存时间确定。

机动铲式清粪是从全人工清粪到机械清粪的过渡，目前应用较多。把铲车或拖拉机改造成清粪铲车，由废旧轮胎制作刮粪板，或者采买专用清粪车辆和小型装载机进行清理。一台设备可清扫多栋牛舍，灵活机动、工作效率高、人工成本低，但工作噪声大、需要工作空间大、运行成本高、工作次数受限，此外，粪污收集残留较多，在收集过程中容易溢出至槽道两侧。垫料饲养的牛舍（大多为散栏式饲养），垫料与尿液混合在一起时借助机动铲车进行清理，适用于全进全出的大跨度牛舍，清粪时需保证机械设备进入。

刮粪板清粪主要由刮粪板和动力装置组成，新建的规模牛场多采用。当粪尿分离，粪便呈半干状态时，多采用这种清粪方式。清粪时，动力装置通过链条带动刮板沿牛床地面做直线运动，将地面的牛粪向前推至集粪沟中。常用的刮粪板主要包括通常用于单列牛床的连杆刮板式、适用于双列牛床的环形链刮板式以及适用于隔栏散养饲养牛舍的双翼形推粪板式等。规模化养殖场选择设备时应满足以下要求：①避免肉牛与粪污接触，同时降低水汽和臭气的散发，预防因粪污导致的各类疾病发生；②工作安全可靠，操作维护简便；③投资运行费用低；④后续粪污处理简便。该技术可随时进行，机械操作简单，安全可靠，刮板高度和运行速度适中，基本无噪声，对肉牛的饲喂和休息无影响；运行和维护成本低，当牛舍长度在 100～120 m 和 200～240 m 时，设备的利用效率最高。

第二节 粪污暂存

粪污无害化处理后用于还田利用的养殖场，应设置专门的贮存池，通常建在远离牛舍和生活管理区常年主导的下风向位置。贮存设施应满足防渗、防雨和防溢流等要求，有效容积应根据牛场规模和贮存期而定。当环境温度 ≤ 5 ℃时，要求至少存储 6 个月；当环境温度 > 5 ℃时，要求至少存储 4 个月。目前粪污暂存设施主要分为堆粪场、贮粪池和污水池三部分，贮存方式因含水率而异。固态和半固态粪便直接运送至堆粪场处理，贮存和处理合二为一；液态和半液态粪便在贮粪池中沉淀后经固液分离后，固态部分运送至堆粪场，液态部分在污水池或沼气池处理。

一、堆粪场

根据《畜禽粪便贮存设施设计要求》（GB/T 27622—2011），堆粪场为水泥抹面的地上带有雨棚的"n"型槽式结构，用砖混或混凝土建造，雨棚下玄与设施地面净高不低于 3.5 m，墙高不宜超过 1.5 m，厚度不少于 240 mm，地面和墙体防渗分别按《危险废物填埋污染控制标准》(GB 18598—2019)和《给水排水工程构筑物结构设计规范》(GB 50069—2002)相关执行。地面以1%坡度向"n"型槽的开口方向倾斜，坡底设排污沟，污水进入污水贮存设施。地面贮存设施的容积按畜禽日粪便产生量(m^3)×贮存周期(d)×设计存栏量（头）/粪便密度确定。通常肉牛日产粪便量为0.025 m^3，粪便密度为1 000 kg/m^3[《畜禽粪便贮存设施设计要求》(GB/T 27622—2011)]。粪污用作肥料还田的牛场，建设容积还应综合考虑用肥的季节性变化。

二、贮存池

水冲粪和建有沼气工程的牛场应建有具备防渗防漏防雨功能的贮存池，有地上和地下两种形式，分别适用于地下水位高且土质条件好和地下水位低的场区。贮存池高度或深度不超过6 m，地下池底与地下水位的距离大于60 cm[《畜禽养殖污水贮存设施设计要求》(GB/T 26624—2011)]。根据场地大小、位置和土质条件确定方形、长方形和圆形等形式。地上和地下贮存池分别设有自动溢流管道和导流渠，内壁和地面参照《给水排水工程构筑物结构设计规范》(GB 50069—2002)做好防渗措施。设计进出水口时应避免产生短流、沟流、返混和死区等现象，进水管道直径最小为300 mm。若考虑使用机械清理池底，需建造1∶10的混凝土坡道供清理车辆进入。《畜禽规模养殖场粪污资源化利用设施建设规范（试行）》规定贮存池容积不小于单位畜禽日粪污产生量(m^3)×贮存周期(d)×设计存栏量（头），单位肉牛畜禽粪污产生量推荐值为0.017 m^3。

三、污水池

污水池用来贮存从牛舍排尿沟排出的尿液、冲洗污水和堆粪场排水沟的污水，一般设在与运动场相反一侧的舍外地势较低的地方。通常在贮粪池旁建造污水池，牛舍排出的粪污经管道输送到贮粪池，经过简单沉淀后，液体部分由排污泵抽入污水池。污水池的容积及数量根据饲养数量、周期、清粪方式和贮存时间来确定。

第三节 粪污无害化处理

牛粪中含有大量有机质、氮、磷、钾和微量元素等大量植物所需养分，肥效持续时间长，是良好的有机肥源。养殖场干清粪或固液分离后的固体粪便可采用堆肥、沤肥、生产垫料等方式进行处理利用。固体粪便堆肥宜采用条垛式、槽式、发酵仓、强制通风静态垛等好氧工艺，同时配套必要的混合、输送、搅拌、供氧等设施设备。依据《畜禽规模养殖场粪污资源化利用设施建设规范（试行）》，肉牛堆肥设施发酵容积不小于 $0.002 \times 100/30 \, m^3 \times$ 发酵周期（d）× 设计存栏量（头）。液体或全量粪污采用厌氧发酵处理的，配套调节池、厌氧发酵罐、固液分离机、贮气设施、沼渣沼液储存池等设施设备，相关建设要求依据《沼气工程技术规范》（NY/T 1220）执行。利用沼气发电或提纯生物天然气，需要配套沼气发电和沼气提纯等设施设备。

一、兼性堆肥

兼性堆肥，又称为自然堆沤，指通过自然堆存、被动通风的方式，利用环境以及物料自身携带的微生物，在兼氧条件下对有机物进行降解，将有机废弃物转变为富含腐殖质的有机肥料的过程。具体方法为将畜禽粪便堆放在发酵池或发酵罐里，对其表面进行覆盖，经过长时间的自然发酵，到施肥季节时直接施入土地里。具有就地就近处理、场地限制小、技术操作简单和成本低等优点，但伴有发酵温度偏低、恶臭异味严重、腐熟周期长和无害化不稳定等问题。

二、好氧堆肥

好氧堆肥是指通过人工控制，在一定的水分、物料配比和氧气浓度条件下，利用环境及物料自身微生物的发酵作用，将有机废弃物转变为稳定腐殖质的过程。堆肥过程分为升温期、高温期和降温期三个阶段。

1. 升温期

堆体温度升至 50 ℃前的阶段。糖类、淀粉和蛋白质等简单有机物被微生物大量分解，释放出热量、水、二氧化碳和氧气等，一般发生在前 3 d。

2. 高温期

堆体温度在 50 ℃以上，物料中的病原菌在高温下逐渐失活，嗜热微生物占据主导地位；可溶性有机物、半纤维素和纤维素等物质继续分解转化，此阶段一般维持在 1～2 周。

3. 降温期

易分解有机物基本分解完全，微生物活动强度减弱，产热量减少，堆体温度又回落到 50 ℃以下，以中温性微生物为主导，一般在 1 周左右。堆肥产品是一种良好的土壤改良剂和有机肥料，呈现疏松的团粒结构，无臭无蝇，不含病原菌、杂草种子，可安全处理和保存。好氧堆肥模式分为条垛式、槽式、反应器和膜堆肥（表8-1）。多用于采用干清粪工艺的养牛场。

表8-1 不同好氧堆肥模式对比

堆肥模式	堆肥规模/t	可调控工艺	优点	缺点
条垛式	1～1 000	需人工翻堆通风	成本低、简单	效率低、腐熟慢、占地大
槽式	1～500	机械翻堆	规模大、相对效率较高	相对耗能、占地大
反应器	0.03～100	通风、温度、搅拌、进出料	规模可控，效率高，全工艺可调控，减少占地面积	成本高、耗能
膜堆肥	1万～1 000万	通风、覆膜	氮养分损失小，免翻抛、省力省时，成本低，耗电少	功能膜质量、功能参差不齐

三、堆肥工艺流程

1. 原料混合

在牛粪中添加部分秸秆，混合物料水分和碳氮比（C/N）分别调至50%～60%和（25～30）:1，添加发酵菌剂，混合均匀。

2. 一次发酵

大分子有机物在好氧微生物及胞外水解酶作用下降解、矿化，释放热量，在这一过程堆体变得疏散，绝大部分物料腐熟，高温杀灭病原微生物和虫卵，达到无害化和资源化目的。周期为15～20 d，其中高温期50～55 ℃维持5～7 d。当堆体与环境温度差＜20 ℃时，堆肥基本腐熟；当温度差＜10 ℃时，堆肥完全腐熟。

（1）堆体底部装有通风曝气系统，根据堆体温度、氧气含量和含水率等指标的变化调节通风量和通风方式，避免堆体产生厌氧环境，同时促进水分蒸发。通风量为 0.05～0.2 m³/（min·m³），发酵过程中堆体氧气浓度应不低于 5%。

（2）通过翻堆机或搅拌系统混拌物料，促进物料水分快速蒸发和均匀发酵腐熟，并且使物料向出料端挪动。条垛和槽式采取 1 d 1 次的翻堆，反应器间歇搅拌。

3. 二次发酵

又为后腐熟，周期为 10～15 d，不同腐殖酸前体物经过生物物理化学的作用不断聚合形成腐殖质。堆体温度接近于环境温度，体积较初始阶段显著减少 50%。

4. 后处理

充分稳定、腐熟的堆肥产品应进行粉碎、筛分、烘干和造粒。堆肥产品作为有机肥应执行《有机肥料》标准（NY/T 525—2021），作为生物有机肥按《生物有机肥》标准（NY 884—2012）执行。

四、厌氧发酵

厌氧发酵以沼气和沼渣沼液为主要产物，就地就近用于农村能源和农用有机肥，基本能解决大规模畜禽养殖场粪污处理和资源化问题。厌氧发酵可实现粪污的减量化资源化，发酵后沼气经脱硫脱水后通过输配气系统用于居民生活用气、锅炉燃烧和沼气发电等，沼液、沼渣可作为农用肥料还田。厌氧发酵实现了对养殖场的粪便和污水集中统一处理，能源利用效率高；但建设方面一次性投资大，集中处理沼液成本高，需配备后续处理工艺，特别是沼液产生集中，需要大量的土地来消纳且季节匹配。因此，厌氧发酵更适用于中等规模以上的养殖场，水冲粪的牛场采用更多。

厌氧生物处理单元通常由厌氧反应器、沼气收集系统、沼液和沼渣处理系统组成。目前养殖粪污处理的厌氧消化工艺有混合式厌氧工艺（CSTR）、升流式厌氧（UASB）反应器和升流式固体反应器（USR）等，根据养殖场实际情况选择。CSTR反应器是配备叶轮或其他混合装置可实现高效混合的间歇反应器，常采用恒温连续投料或半连续投料，可处理高有机物浓度或高悬浮固体浓度的物料，原料混合均匀，可规避结核、堵塞和浮渣等现象，但大型消化器难以做到完全混合，搅拌系统消耗能量较高。UASB反应器结构简单，除三相分离器外，无填料和搅拌装置。但处理较低浓度废水时，易出现微生物与基质接触不完全，反应器负荷率低和产气量少等问题。针对以上问题，衍生了USR等一系列反应器。USR反应器适宜处理高悬浮物的物料，原料无需固液分离。原料从底部进入消化器，与活性污泥接触，污泥停留时间较长，从而提升反应速率并克服短流现象，具有操作管理简便、能耗低费用少、有机负荷高和抗不利因素强等优势，但也存在物料分层、微生物接触和反应不均匀等问题。

厌氧发酵由多种微生物在厌氧条件下共同作用，分解有机物并产生甲烷和二氧化碳。为提高厌氧发酵处理率和产气率，需尽可能地培育和累积厌氧消化细菌，维持细菌适宜的生存环境，保证微生物进行正常代谢。影响因素有发酵原料、接种物、厌氧环境、温度、酸碱度（pH）、总固体浓度（TS）、消化器负荷和搅拌等。①厌氧发酵要求原料C/N在（20～30）:1，过高会降低发酵系统缓冲能力，pH值降低；过低易导致铵盐积累，减缓厌氧发酵进程。②原料中加入含大量发酵细菌的接种物后，如沼液回流，可实现缩短周期和增加产气的效果。③参与发酵的产甲烷菌是严格的厌氧菌群，因此要保证发酵设备严格密闭、不漏水、不漏气。④维持细菌适宜的生长温度（10～35 ℃），甲烷菌产气能力随温度增加而升高。⑤厌氧消化细菌适宜的生长环境为中性或偏微碱性（6.5～7.5），碱度在2 000 mg/L 以上，此时发酵系统缓冲能力强，可避免过酸过碱物质产生抑制作用。⑥发酵物料的固体浓度又为料水比，TS 以 10% 左右为宜，气温较低或较高时分别在 10%～12% 和 6%～8% 最佳。⑦发酵启动初期活性污泥的数量和性能不足，消化器容积负荷通常在 0.5～1 kg COD/（$m^3 \cdot d$）；进入稳定运行阶段（8～12 周后），中温条件下负荷通常为 5～8 kg COD/（$m^3 \cdot d$）。⑧搅拌可打碎消化器内的浮渣层，促进细菌与原料均匀混合、气液分离，提高反应速率和产气量。

五、其他处理技术

1. 蚯蚓堆肥

蚯蚓堆肥是通过蚯蚓和微生物有效快速分解有机废弃物转化为腐殖质的一种生态环境友好的堆肥技术。牛粪和饲料残渣混合堆沤腐熟，达到蚯蚓产卵、孵化和生长所需理化标准后，将适当厚度的腐熟料平铺于地，引入蚯蚓使其繁殖，温度保持 23～25 ℃，含水率维持在 60%～70%。室外养殖需遮阳、加盖防止蚯蚓逃跑。蚯蚓堆肥促进了原料中团聚体的形成，改善孔隙、结构和化学特质。蚯蚓粪富含蛋白质，可作为优质蛋白饲料饲喂畜禽和水产。此外，蚯蚓粪较大的比表面积使其具有较强的稳定性和吸附能力，并且含有大量氨基酸、腐殖质、蛋白酶、脱氢酶和过氧化物酶。因此，蚯蚓粪农田应用不仅可提高地力和产能，还能抑制农作物病虫害传播，在农业生产中，可形成农作物养牛－牛粪养蚯蚓－生产蚯蚓粪－促进农作物生长的良好生态链。相比于猪粪和鸡粪，牛粪更易被蚯蚓分解利用，更适合作为蚯蚓堆肥的基质。

2. 栽培基质

牛粪通过处理后可用作基质来栽培食用菌。牛粪中加入秸秆或稻草等农业废弃物和适当调节剂，堆制后用来栽培食用菌。基质高温发酵过程中可杀灭牛粪中的寄生虫卵和杂草种子，栽培后的食用菌废渣还田，是良好的有机肥料，不仅实现了粪污资源化利用，还可生产出高值食用菌，这一过程无污水且成本低。粪便、食用菌废弃菌渣和农作物秸秆三者联合，提高资源综合利用率，既适用于大中型生态农业企业，又适合小型农村家庭生态农场，也适合小型农村家庭农场分工、联合经营。

3. 异位发酵床技术

异位发酵床需要发酵槽、翻堆机械设备、肉牛粪污处理管道及防雨棚栏等基础设施。利用锯末和稻壳等作为微生物发酵底物，接种耐高温的好氧微生物菌剂，依据微生物种类调节适当的C/N和含水率（50%～60%），保证微生物发酵代谢，混匀后放入发酵池中堆积7～10 d即可作为微生物发酵床。肉牛场的粪污集中收集后通过管道将其均匀喷洒到发酵床上，定期搅拌均匀，利用微生物发酵腐熟。肉牛场粪污喷洒到发酵床前需要进行调制处理使其具有良好的流动性，粪便干物质含量在10%～20%，为控制粪污含水率，需每天现配现用，通常建议每天上午进行喷洒。喷洒后牛粪污在发酵床垫料中的下渗程度不超过40 cm，建议每方垫料处理肉牛粪污30 kg左右。喷洒完毕4～5 h后进行翻堆，建议每天连续翻堆两次。每天进行一次的粪污喷洒，需要发酵运行两天。

第四节　粪肥还田

粪污作为肥料还田是粪污资源化利用中最为经济和普遍的方法，可改良土壤结构、提升土壤肥力和作物产量，对推动农牧业绿色可持续发展具有重要意义。还田限量以生产需要为基础，需要遵循以地定产、以产定肥的原则。2017年农业农村部印发《畜禽粪污资源化利用行动方案（2017—2020年）》，集成创建了资源化利用7种典型技术模式，明确了还田技术包括粪污全量收集还田利用、固体粪便堆肥利用和污水肥料化利用等。针对肉牛粪肥还田利用，一般可根据固体粪便和液体粪水划分为两类。

一、固体粪肥还田技术

欧美发达国家基于粪肥定量施用的原则，根据养分平衡指导粪肥还田利用。按照欧盟规定：粪肥年施氮量的限量标准为170 kg/hm²，磷为35 kg/hm²。我国《畜禽粪便还田技术规范》（GB/T 25246—2010）规定小麦、水稻、果园和菜地牛粪的使用限量（表8-2至表8-4）根据土壤肥力（表8-5）确定。有机肥料大多作为基肥进行还田，一般采用撒施、条施、穴施的方式。①撒施：耕地前将肥料均匀撒于地表，耕地时把肥料翻入土中，使肥土相融，此方法适用于水田、大田作物和蔬菜作物；②条施：结合犁地开沟，将肥料条状施于作物播种行内，适用于大田和蔬菜作物；③穴施：在作物播种或种植穴内施肥，适用于大田和蔬菜作物；④环状施肥（轮状施肥）：在冬前或春季，以作物主径为圆心，沿株冠垂直投影边缘外侧开沟，将肥料施入沟中并覆土，适用于多年生果树施肥。此外，有机肥同样可以通过条施、穴施和环状施肥等方式在作物生长期进行追肥。

粪肥的氨挥发量随着在地表的时间延长而增大，可通过和表层土壤混合降低粪肥养分损失。因此，深施有利于减少氨挥发和径流损失，撒施后翻耕、条施后覆土能有效抑制氨挥发和氧化亚氮的排放。另外，养分损失还和季节有关，秋季深施比春季效果好。

表 8-2 小麦、水稻每茬牛粪使用限量　　　　单位：t/hm²

农田本底肥力水平	Ⅰ	Ⅱ	Ⅲ
麦和玉米田施用限量	15.2	12.8	11.2
稻田施用限量	17.6	14.4	12.8

表 8-3 果园每年牛粪使用限量　　　　单位：t/hm²

果树种类	苹果	梨	柑橘
施用限量	16	18.4	23.2

表 8-4 菜地每茬牛粪使用限量　　　　单位：t/hm²

蔬菜种类	黄瓜	番茄	青椒	大白菜
施用限量	18.4	28	24	12.8

注：以上限制指在不施用化肥情况下，以干物质计算的牛粪肥料的施用限量。

表 8-5 土壤肥力分级指标　　　　单位：g/kg

项目		不同肥力水平的土壤全氮含量		
		Ⅰ	Ⅱ	Ⅲ
土地类别	旱地（大田作物）	>1.0	0.8~1.0	<0.8
	水田	>1.2	1.0~1.2	<1.0
	菜地	>1.2	1.0~1.2	<1.0
	果园	>1.0	0.8~1.0	<0.8

二、液体粪肥还田技术

粪污全量还田是将养殖场产生的粪便、尿液和污水集中收集，全部进入"氧化塘"贮存，贮存一段时间后在作物的施肥期还田利用。该技术具有源头节水、处理流程简化和养分充分利用等优势，在种养结合和循环农业发展中具有良好的应用前景。粪污全量还田技术应用非常广泛，尤其是小规模养殖场，建设和处理利用费用低，操作应用方便，但是该技术需要配备大面积土地，存在消纳与作物施肥期冲突问题。

粪污经厌氧发酵处理产生的沼液用作叶面肥施用时，其质量应符合《含有机质叶面肥料》（GB/T 17419—2018）和《微量元素叶面肥料》（GB/T 17420—2020）的技术要求，施用量应折合干粪的营养物质含量进行计算。春秋季节，宜在上午露水干后（约10：00）进行，夏季以傍晚为好，中午高温及雨天不要喷施。喷施时，以叶面为主。沼液浓度视作物品种、生长期和气温而定，一般需要加清水稀释。在作物幼苗、嫩叶期和夏季高温期，应充分稀释，防止对植株造成危害。

参考文献

巴桑普尺，2022. 简述牦牛出血性败血症防治措施 [J]. 吉林畜牧兽医，43（2）：69-70.

白元生，姚倩倩，焦光月，等，2015. 犊牛的饲养与管理技术 [J]. 中国牛业科学，41（3）：55-57.

宝音图，2021. 牛羊品种改良、保护现状及措施 [J]. 农家参谋（21）：115-116.

蔡宝祥，2001. 家畜传染病学 [M]. 4版. 北京：中国农业出版社.

查斯图，2015. 奶牛不孕症调查及中药复方对产后牛保健作用的研究 [D]. 呼和浩特：内蒙古农业大学.

陈凤梅，马爱霞，柳美玲，等，2015. 规模化奶牛场犊牛保健方案 [J]. 山东畜牧兽医，36（10）：11-14.

陈亮，2017. 奶牛恶性卡他热的诊断和预防 [J]. 当代畜牧，5：101-102.

陈溥言，2006. 兽医传染病学 [M]. 5版. 北京：中国农业出版社.

陈自胜，陈志良，1999. 粗饲料调制技术 [M]. 中国农业出版社.

楚会萌，任亚初，程凯慧，等，2019. 一株牛流行热病毒的分离与鉴定 [J]. 山东农业科学，51（3）：111-114.

丁繁萍，王哲红，赵玉宾，等，2021. 牛病毒性腹泻病毒检测方法研究进展 [J]. 中国奶牛（4）：36-41.

丁家波，冯忠武，2013. 动物布鲁氏菌病疫苗应用现状及研究进展 [J]. 生命科学，25（1）：91-99.

董树林，王秉翔，2004. 炭疽 [M]. 西安：陕西科学技术出版社.

范学政，李文平，秦玉明，等，2021. 产气荚膜梭菌及其公共卫生危害 [J]. 中国兽药杂志，55（9）：57-64.

方明祥，陆新球，王庆忠，1995. 疫苗使用时应注意的几个问题 [J]. 山东畜牧兽医，（2）：31-32.

冯宇，2017. 牛布鲁氏菌病诊断技术研究 [D]. 泰安：山东农业大学.

宫天国，2023. 牛白血病的病理变化、临床症状和防治措施 [J]. 特种经济动植物，26

（3）：66-68.

韩慧，郑源强，石艳春，2019. 牛病毒性腹泻病毒研究进展 [J]. 畜禽业，30（7）：6-7.

何传雨，2022. 布鲁氏菌新型生物灭活疫苗及其鉴别诊断基础研究 [D]. 沈阳：沈阳农业大学.

洪龙，2014. 肉牛设施养殖技术 [M]. 1 版. 北京：金盾出版社.

姜海宇，薛华平，李家奎，等，2022. 牛病毒性腹泻病毒（BVDV）的研究进展 [J]. 养殖与饲料，21（9）：107-112.

姜明明，王静，2009. 规模化牛场牛群综合保健技术 [J]. 畜牧与饲料科学，30（1）：142-143.

蒋洪卫，胡晓娜，2021. 牛恶性卡他热 [J]. 畜牧兽医科技信息，6：121.

孔繁瑶，1997. 家畜寄生虫学 [M]. 2 版. 北京：中国农业大学出版社.

李会会，2021. 偶蹄兽口蹄疫的流行特点与防控措施 [J]. 养殖与饲料，20（4）：119-120.

李克斌，2021. 2021 年秋冬口蹄疫防控策略 [J]. 特别关注（19）：4-5.

李永法，2022. 牛大肠杆菌病的诊断与治疗 [J]. 农业工程技术，42（35）：87-88.

李元元，2011. 注射疫苗时要注意的十个问题 [J]. 山东畜牧兽医（8）：101.

李志，2015. 牛流行热两种 ELISA 诊断技术的建立与应用 [D]. 乌鲁木齐：新疆农业大学.

李志，郑福英，王积栋，等，2015. 牛流行热研究进展 [J]. 中国畜牧兽医，42（3）：745-751.

栗子铭，2019. 育肥牛保健措施 [J]. 畜牧兽医科学（电子版）（21）：52-53.

梁旭东，1996. 现代炭疽研究进展 [M]. 北京：中国农业出版社.

梁旭东，于德山，吕卫民，等，2017. 炭疽防控存在的问题及对策建议 [J]. 疾病监测，32（4）：278-281.

刘东军，2013. 牛支原体肺炎流行病学调查及综合防治技术应用研究 [D]. 石河子：石河子大学.

刘福元，林为民，2008. 第五讲 规模化奶牛场卫生防疫与保健技术 [J]. 新疆农垦科技（5）：65-66.

刘莹，刘建文，孙涛，等，2016. 种畜禽场疫病净化的生物安全规范化管理 [J]. 中国畜牧业（6）：52-53.

刘雨田，孙军峰，郭安玉，2010. 牛流行热研究进展 [J]. 中国动物检疫，27（6）：67-69.

陆游，南文龙，陈义平，等，2020. 牛结节性皮肤病诊断方法研究进展 [J]. 中国动物检疫，37（9）：82-88.

吕锋，2011. 犊牛大肠杆菌病的诊治 [J]. 吉林畜牧兽医，32（11）：26.

吕小龙，李娟，2022. 牛出血性败血症的临床表现及防控 [J]. 养殖与饲料，21（12）：106-108.

罗润波，贡嘎，高家登，等，2021. 西藏那曲牦牛源产气荚膜梭菌的分离鉴定及生物学特性 [J]. 中国兽医学报，41（1）：74-80.

罗晓瑜，刘长春，2013. 肉牛养殖主推技术 [M].1 版. 北京：中国农业科学技术出版社.

马忠贤，2017. 河南省清丰县牛冠状病毒流行学调查 [J]. 中国乳业，6：65-66.

莫华山，2021. 牛恶性卡他热临床表现及防治 [J]. 兽医导刊，19：30-31.

宁夏回族自治区市场监督管理厅. 肉牛母牛饲养管理技术规范：DB64/T 1475—2024[S].

任宏荣，李苗云，朱瑶迪，等，2021. 产气荚膜梭菌在食品中的危害及其控制研究进展 [J]. 食品科学，42（7）：352-359.

桑润滋，2002. 动物繁殖生物技术 [M]. 北京：中国农业出版社.

石磊，2010. 牛支原体肺炎病原的鉴定、诊断和疫苗的初步研究 [D]. 武汉：华中农业大学.

苏日亚，2022. 畜牧业品种改良现状及改善措施 [J]. 畜牧兽医科学（电子版）（8）：160-162.

宿放，信吉阁，董俊，等，2021. 口蹄疫检测方法研究进展 [J]. 特种经济动植物，24（12）：28-33.

孙雨，王晓英，董浩，等，2016. 产气荚膜梭菌外毒素基因与相关疫苗的研究进展 [J]. 中国草食动物科学，36（2）：58-62.

邰晓军，2022. 清肺止咳散在疑似牛出血性败血症临床上的应用 [J]. 中国畜禽种业，18（2）：162.

谭烁，汤承，何琪富，等，2020. 牛冠状病毒 TaqMan 荧光定量 RT-PCR 检测方法的建立及初步应用 [J]. 中国预防兽医学报，42（9）：918-923.

王柏森，谷长勤，2020. 产气荚膜梭菌检测方法研究进展 [J]. 当代畜牧（10）：37-42.

王从童，2022. 牛流行热的流行病学、临床变化及诊断 [J]. 中国畜禽种业，18（11）：147-150.

王立军，苑小明，常玉君，2009. 犊牛患了大肠杆菌病，怎么办？[J]. 北方牧业（7）：32.

王天宇，李继东，张志诚，等，2021. 牛支原体病流行病学及其诊断技术研究进展

[J]. 畜牧与兽医，53（12）：134-139.

王相森，2020. 口蹄疫的流行与防控措施 [J]. 中国畜禽种业，16（2）：152.

王新宇，2019. 肉牛流行热的流行病学、临床症状、剖检变化及防控措施 [J]. 现代畜牧科技，8：100-101.

王岩，2022. 牛出血性败血症的诊断与防治 [J]. 福建畜牧兽医，44（4）：78-79.

王玉喜，王俊伟，陈立志，2000. 使用疫苗的几个误区 [J]. 特种经济动植物（5）：41.

王赞江，2009. 奶牛驱虫保健 [J]. 中国奶业协会 2009 年会论文集，309-311.

魏淑梅，2020. 牛病毒性腹泻 - 黏膜病诊治 [J]. 吉林畜牧兽医，41（7）：45.

吴丹，罗润波，黄家旗，等，2022. 青海玉树牦牛源产气荚膜梭菌的分离鉴定及耐药性研究 [J]. 中国兽医学报，42（3）：522-528+546.

吴建峰，张家祝，严国祥，等，2001. 全球炭疽流行概况 [J]. 中国国境卫生检疫杂志（6）：339-341.

吴清民，2002. 兽医传染病学 [M]. 北京：中国农业大学出版社.

吴清民，2011. 动物布鲁氏菌病新型防控技术及研究进展 [J]. 兽医导刊，9：46-47.

吴松羽，刘先凯，宋丽，等，2011. 炭疽芽孢杆菌分子分型研究进展 [J]. 生物技术通讯，22（5）：738-742.

夏培刚，2011. 牛大肠杆菌病的诊断及综合治疗 [J]. 养殖技术顾问（7）：147.

夏咸柱，高宏伟，华育平，2011. 野生动物疫病学 [M]. 北京：高等教育出版社.

肖定汉，2008. 奶牛保健体系 [J]. 北京奶业（4）：1-4.

谢仁古丽·乌斯曼，2022. 牛羊品种改良工作存在的问题及建议 [J]. 中国畜牧业（2）：43.

辛九庆，2007. 牛传染性胸膜肺炎诊断技术与分子流行病学研究 [D]. 长春：吉林农业大学.

杨浩君，2021. 牛羊品种改良工作存在的问题及建议 [J]. 畜牧兽医科技信息（2）：99.

杨利国，2010. 动物繁殖学 [M]. 北京：中国农业出版社.

杨路情，2015. 牛口蹄疫疫苗的使用与免疫反应处理 [J]. 云南农业（9）：72.

杨奕，2018. 牛白血病病毒分子流行病学调查及其致病性的研究 [D]. 扬州：扬州大学.

姚玲，2021. 动物疫病净化基本要求及改善对策 [J]. 畜牧兽医科学（电子版）（22）：160-162.

殷震，刘景华，1997. 动物病毒学 [M]. 2 版. 北京：科学出版社.

于薇薇，李祥，王春光，2012. 布鲁氏菌病的研究进展 [J]. 现代畜牧科技，10：216-218.

于增芳，李艳，艾丽霞，等，2022. 浅谈犊牛大肠杆菌病的预防与治疗 [J]. 吉林畜牧兽医, 43 (2): 74+76.

袁海文, 2017. 牛肺炎支原体分离鉴定及主要基因分子特征研究 [D]. 贵阳: 贵州大学.

再努热"买买提, 2014. 育肥肉牛的兽医卫生保健措施 [J]. 中兽医学杂志 (11): 49.

曾维斌, 2014. 外源激素诱导牛生产双犊的研究 [D]. 北京: 中国农业大学.

翟新验, 张倩, 魏巍, 等, 2022. 种畜禽场主要动物疫病净化技术 [J]. 中国畜牧业 (14): 21-25.

张贵刚, 王艳杰, 陈君彦, 等, 2018. 牛病毒性腹泻病毒和牛传染性鼻气管炎病毒双重荧光定量 PCR 检测方法的建立 [J]. 中国预防兽医学报, 40 (10): 922-925+939.

张建华, 曹希亮, 刘超, 等, 2017. 我国奶牛牛支原体流行情况调查 [J]. 中国奶牛 (3): 23-26.

张巧娥, 封元, 梁小军, 等, 2018. 肉牛健康高效养殖培训实用技术 [M]. 1 版. 银川: 阳光出版社.

张仕泓, 王少林, 2021. 动物源产气荚膜梭菌耐药性研究进展 [J]. 畜牧兽医学报, 52 (10): 2762-2771.

张跃新, 禹康, 2006. 炭疽感染与治疗研究进展 [J]. 中国实用内科杂志 (20): 1594-1596.

赵兴绪, 2016. 兽医产科学 [M]. 5 版. 北京: 中国农业出版社.

中国动物疫病预防控制中心 (农业农村部屠宰技术中心), 2021. 动物疫病净化场评估管理指南 [J]. 家禽科学 (10): 57-58.

中国动物疫病预防控制中心 (农业农村部屠宰技术中心), 2021. 动物疫病净化场评估技术规范 (2021 版) [J]. 家禽科学 (10): 59.

钟代彬, 张晓霞, 胡志刚, 等, 2011. 种公牛健康保健体系的建立 [J]. 中国奶牛 (7): 57-598

周廷宣, 陈卫东, 2019. 牛结节性皮肤病概述 [J]. 四川畜牧兽医, 46 (12): 31-33.

周宇, 张熙, 李香, 等, 2018. 2006—2015 年全国动物炭疽流行分析及防控 [J]. 中国兽医学报, 38 (2): 336-340.

周跃辉, 2015. 牛传染性鼻气管炎病毒糖蛋白 gD 单抗制备及其抗原表位鉴定与双抗夹心 ELISA 的建立 [D]. 北京: 中国农业科学院.

朱士恩, 2015. 动物繁殖学 [M]. 6 版. 北京: 中国农业出版社.

朱振荣, 张红艳, 刘力, 等, 2010. 动物强制免疫实用技术指南 [J]. 畜牧兽医科技信息 (1): 19-20.

卓玛才仁, 2018. 牦牛魏氏梭菌病的调研及诊治 [J]. 中国畜牧兽医文摘, 34 (6): 320.